精编

全家保健菜1688例

王楠楠◇编著
Wang nannan/Bianzhu

TJKJ 天津科学技术出版社

图书在版编目（CIP）数据

精编全家保健菜1688例 / 王楠楠编著. —天津：天津科学技术出版社，2012.6
（家庭养生馆）
ISBN 978-7-5308-7039-6

Ⅰ. ①精… Ⅱ. ①王… Ⅲ. ①保健－菜谱 Ⅳ. ①TS972.161

中国版本图书馆CIP数据核字（2012）第107495号

责任编辑：孟祥刚　蔡小红
责任印制：王　莹

天津科学技术出版社出版
出版人：蔡　颢
天津市西康路35号　邮编300051
电话（022）23520557（编辑室）23332393（发行部）
网址：www.tjkjcbs.com.cn
总发行：北京时代华语图书股份有限公司　010-83670231
新华书店经销
北京海纳百川旭彩印务有限公司印刷

开本710×1000　1/16　印张16　字数200 000
2012年6月第1版第1次印刷
定价：29.80元

前言

中国饮食文化博大精深，源远流长。食不厌精，脍不厌细，中国人对饮食的追求往往令外国人为之惊叹。而养生，也是饮食文化中十分重要的一部分。孔子云："色恶不食，臭恶不食。失饪不食，不时不食。"这句话的意思是说：颜色变坏了不吃，味道变臭了不吃。煮的不熟或太生，或过熟太烂了都不要吃。不是吃饭的正餐时间不吃，可见，在千年之前，古人就已经有了健康饮食的观念。

俗话说，药补不如食补。合理的膳食可以有效地调节和改善人体健康状况，在古代皇宫里，就有专门的御医为皇族调配健康的膳食。只要遵循健康的饮食法则，在烹饪时注意食材的搭配、健康的烹饪方式，做出的菜肴不仅美味，还有益身体健康，起到祛病、延年益寿的功效。这是十分健康的养生方式。

"家庭煮妇"们每天都要为家人做一大桌子的菜肴，可是一家子人有老有小，既要照顾老人的身体健康，做出清淡、滋补的菜肴，又要照顾孩子的口味，做出有营养、可口的饭菜。既要兼顾所有人的口味，又要考虑到各种年龄段所需要的营养，单单是每天拟出菜单，就已经足够让"煮妇"们头疼了！

本食谱正是你们的贴心法宝，让"家庭煮妇"们不必再为应该如何搭配食材而烦恼。本食谱充分考虑到全家人的口味与健康，收录了各种老少咸宜的养生菜肴，能满足各年龄层所需营养，兼顾美味与健康。让"家庭煮妇"们只需花最少的时间，就能够做出最营养最丰富的菜肴，让全家人都能吃得健康，吃得开心！

目录 Contents

PART1　日常养生小窍门

健康要“好色”　2
红色食物　2
黄色食物　4
黑色食物　6
每天 8 杯水　7
吃点醋更健康　8
泡茶别用保温杯　8
不要空腹吃柿子　9
冰镇西瓜不如常温西瓜　9
蔬菜不要久存，也不要立马放冰箱里　10
蔬菜竖着存放更鲜嫩　10
用干毛巾清洁冰箱　11
解冻食品忌用高温　12
青椒去蒂再清洗　12
淀粉洗葡萄　13
小小柚子皮作用大　13
清洗砧板先冷水再温水　14
开水烫餐具要久一点　14
用开水煮饭　14
妙用淘米水　15
加工食品的陷阱　15
剩菜要少吃　16

PART2　营养均衡的孕妇美味

西红柿炖牛腩　18
胡萝卜拌菠菜　18
花生拌菠菜　18
秘制鸡中翅　19
粉条炖小鸡　19
小炒北极虾　19
莲藕西红柿汤　20
功夫鱼　20
木耳荷兰豆　20
西红柿冬瓜汤　21
炖牛肉　21
萝卜焖排骨　21
玫瑰洋葱豆腐　22
口蘑炒花菇　22
木须肉　22
西红柿海带豆腐汤　23
冬瓜炖肉　23
高汤萝卜丝珍珠贝　23
炖瘦肉丸　24
肉煎三文鱼　24
鸡丝白菜心　24
香菇鸡肉饭　25
肉末打卤面　25
绣球薯圆　25
香辣鸡块　26
麻酱腰花　26
萝卜丝煮荷包蛋　26
蜜汁烧肉　27
年糕烧排骨　27
红烧排骨　27
西红柿排骨玉米汤　28
拌牛肉　28
辣子鱼片　28
肉末小白菜　29
五香卤水牛肉　29
醋熘红薯丝　29

目 录

西红柿炒卷心菜 30
红烧羊尾 30
黑椒牛柳炒意粉 30
玉米糖饼 31
黑椒烧肉饼 31
煎转平鱼 31
煎熬带鱼 32
馒头 32
柠檬苹果汁 32
玉米小饼 33
日式杂煮 33
丸子粉条烩白菜 33
豆角木耳拌核桃 34
鸡丝扒豆苗 34
红酒炖牛肉 34
烤乳猪 35
糖醋里脊 35
葱烧鲫鱼 35
干烧鲤鱼 36
山药面条 36
菜花烧肉 36
黑椒鸭胗 37
小烧牛肉 37
小炒猪心 37
洋葱炒羊肉 38
西芹里脊肉 38
鳗鱼干炒芹菜 38
香芹滑子菇 39
黄豆玉米饼 39
蒸鳕鱼 39
菠菜拌粉丝 40
鲜烩芦笋 40
腊肉炒蒜苗 40
清炒回锅肉 41
卤猪蹄汤 41
黄瓜鸡蛋汤 41
银耳汤 42
红豆大米饭 42
鱼丸莼菜汤 42
小炒羊杂 43
酱油蒸紫皮茄子 43
盐水肚片 43
蔬菜鸡肉丸 44
南瓜蒸排骨 44
酸辣海参汤 44
粉条酸汤 45
桂圆鹌鹑蛋汤 45
鸡蛋菠菜炒粉丝 45
螺肉汤 46
小炒木耳 46
豆豉拌木耳 46
土鸡炖豆腐 47
韭菜鸡蛋包子 47
珍珠丸子 47
酱油牛肉面 48
杏仁牛肉 48
鸡茸空心菜 48
番茄水煮鱼 49
豆蔻茯苓馒头 49
牛肉比萨饼 49
芹菜馅饺子 50
牛奶大米饭 50
芋头排骨汤 50
凉拌花椒芽 51
牛肉盒子 51
青豆拌油菜 51
牛肉卤水米线 52
焖小黄鱼 52
牛奶苹果汁 52
牛肉咖喱盖饭 53
当归红糖煮鸡蛋 53
猪肉白菜饺 53
天麻炖乳鸽 54
蜂蜜苹果汽水 54
杭椒里脊 54
甜面酱拌牛肉 55
香菇什锦煮 55
黄金煎鳕鱼 55
日式牛肉炒蔬菜 56
鸡肉茸黄瓜盅 56
黄豆炖牛肉 56
酸味苹果汁 57
凉拌绿茶面 57
西芹豆豉爆牛柳 57
茶泡肉丸 58
红烧鳜鱼 58
炒什蔬 58
麻婆豆腐 59

蟹肉棒炒咸蛋黄 59
杞黄蒸仔鸡 59
抹茶丸子 60
煎烧牛里脊 60
芋头烧山鸡 60
鲍汁鸡翅 61
桂花糯米藕 61
清淡葱汤 61
西蓝花什锦蔬菜汤 62
雪梨蒸山药 62
甜口拌鱼丝 62
炒肉丝 63
油焖皮皮虾 63
水晶鸭舌 63
什锦炒木耳 64
蟹黄豆腐 64
蒜末炒芹菜草菇 64
焖大虾 65
粉丝炖蛤蜊 65
原汁大白菜炖竹丝鸡 65
清蒸大白菜 66
炸虾 66
滑炒墨鱼花 66
红腐乳烧肉 67
洋葱烤羊肉串 67
金针菇汆肥牛 67
三文鱼蒸蛋羹 68
烤海鱼 68
玫瑰黑芝麻红茶 68
山药排骨汤 69
乌鸡什菌汤 69
猪肉冬瓜螺片煲 69
枸杞鸡汤 70
水果沙拉 70
甘芪烧肉 70
凉卤水鸭头 71
红枣炖南瓜 71
清炒虾仁 71
沙茶牛肉 72
粉丝炒牛肉 72
滑子菇炒牛肉 72
牛肉丁爆长寿豆 73
桂花南瓜饼 73
腊八豆蒸排骨 73
蘑菇胡萝卜拌饭 74
猪尾炖土豆 74
小炒腊牛肉 74
农家小河虾 75
羊肉炖萝卜 75
南瓜饼 75
香葱鸡蛋炒米饭 76
皮蛋包 76
海苔卷 76
豆沙包 77
日式海鲜面 77
白水羊肉炖鹌鹑蛋 77
二面馒头 78
蜇头白菜心 78
葱油鱼 78
金针菇蒸排骨 79
白汤羊肉丸 79
日式烤秋刀鱼 79
红烧蹄筋 80
肉末酸豆角 80
炖鱼头 80
腊肉鱿鱼丝 81
培根卷芦笋 81
山药炒虾仁 81
纸皮蛋卷 82
鲍鱼鸭掌 82
海虾沙拉 82
糖醋香椿苗 83
糖醋心里美萝卜 83
农家锅炖鲇鱼 83
蛋清黄瓜炒木耳 84
木耳猪肉鸡爪汤 84
西芹核桃仁拌腌肉 84
虾皮白菜心 85
排骨鹌鹑蛋 85
百合蒸南瓜 85
芥末红椒拌木耳 86
腊肉豆腐小油菜 86
茶树菇烧肉块 86
红煎海虾 87
鲜花鱼肚 87
腌鱼块 87
豆腐烧鲫鱼 88
西红柿拌苦瓜 88

橙汁甜味什锦 88
西红柿杂烩 89
什锦肉丝 89
香煎三文鱼 89
蜜拌鲜藕 90
水煮冬笋 90
水煮毛豆 90
腊肉香干煲 91
豆腐皮卷芦笋 91
芦笋馅煎鸡蛋 91
山西炖土鸡 92
豆腐拌什锦 92
肉末茄丁 92
胡萝卜杂煮 93
鲍汁火鸡筋 93
酸辣汤 93
西芹炒肉丝 94
凉拌香椿苗 94
红烧鲫鱼 94

PART3 聪明健康的婴幼儿餐

海鲜豆腐羹 96
蜜薯粥 96
西红柿浇汁南豆腐 96
海鲜粥 97
色拉土豆泥 97
杏脯牛奶粥 97
红豆糯米糕 98
龙眼粥 98
蜂蜜圣女果 98
蜂蜜橙子马蹄杯 99
荠菜豆腐羹 99
虾皇豆腐羹 99
酸奶蛋糕 100
莲栗糯米糕 100
鸭茸奶油蘑菇汤 100
芦荟果冻 101
蒸年糕 101
生滚海鲜粥 101
蜂蜜牛奶香蕉果汁 102
杏仁蛋糕 102
凉拌青笋 102
蓝莓山药泥 103
醋熘娃娃菜 103
腌圣女果 103
蜂蜜小米粥 104
红花糯米粥 104
粗粮米粥 104
红豆糕 105
蜜汁香蕉色拉 105
糯米豆沙糕 105
虾仁鸡蛋卷 106
糯米糕 106
果蔬色拉 106
蜜蒸南瓜 107
桃汁 107
什锦水果拼 107
什锦豆浆 108
果香芦荟蜜条 108
蜂蜜胡萝卜牛奶 108
番茄汁 109
菠萝柠檬果汁 109
牛奶苹果汁 109
胡萝卜荸荠汤 110
梅花汤饼 110
西红柿甜汤 110

PART4 茁壮成长的青少年饮食

酸辣兔肉 112
清炒莴笋 112
烤猪肉 112
尖椒肋排 113
蟹粉蛤肉豆腐 113
脆炒小馒头 113
烤猪肉串 114
海味杏鲍菇 114
圣女果扇贝炒蛋 114
炸鲜虾 115
糖醋烧猪排 115
鸽蛋烧排骨 115
葱姜炒螃蟹 116
人参炖乌鸡 116
甲鱼煲羊排 116
牛奶炖卷心菜 117
三文鱼寿司 117
香酥春卷 117

排骨炖冬笋　118
咸蛋黄焗南瓜　118
生菜西红柿沙拉　118
香辣黄花菜　119
核桃仁拌豌豆苗　119
香葱虾肉鸡蛋卷　119
家常辽参　120
新式山药泥　120
爆炒牛肉　120
青豆烧肉　121
熘炒山药　121
苦瓜鲜肉蒸饺　121
双色韭菜煎饼　122
白芸豆沙拉　122
肉末炖芋头　122
拌鱼干　123
洋葱炒木耳　123
板栗菠菜炖土鸡　123
美味小馄饨　124
爽口小黄瓜　124
娃娃菜扣肉　124

特色拌菜　125
五香花生仁　125
水晶山药　125
西式培根卷　126
小炒黄瓜鸡蛋　126
尖椒爆土豆丝　126
日式什锦寿司　127
鱼翅汤　127
豆豉沙丁鱼　127
干豇豆烧肉　128
蚝油金针菇　128
糯米蒸牛肉　128
蒜泥羊肉　129
小炖土豆牛肉　129
韭菜小炒墨鱼仔　129
粉蒸藕　130
蘸芥蓝　130
三鲜锅贴　130
苦味猪尾　131
油泼面　131
醋拌姜汁木耳　131
日式冰芦荟　132
酱拌豆腐　132
蒸鲤鱼　132
香味鸡爪　133
蚕豆花生　133
新式炖猪骨　133
凉拌白菜　134
什锦西芹　134
炸鳕鱼　134
酥炸玉米糕　135
扬州炒饭　135
双冬拌螺肉　135
海味豆腐汤　136
卤草菇　136
多彩大拌菜　136
韭菜炒猪肝　137
平锅鲜鱿鱼　137
枸杞鱼头汤　137
炒双菇　138
鲍汁扣野菌　138
双鲜炖粉条　138
醋泡黄豆　139
凉拌莴笋叶　139
酸菜肉末炒笋丁　139
软炸豆腐　140
豆苗鸡蛋墩　140
奶油土豆泥　140
盐水鹅肝　141
双葱炒猪肝　141
冬笋瘦肉汤　141
农家小炒肉　142
大葱烧海参　142
梅菜五花肉　142
什锦蒸饭　143
新式煎鳕鱼色拉　143
番茄酱拌炒萝卜　143
新式烧青鱼　144
炒烤肉　144
炸香蕉　144
冬虫灵芝小排汤　145
芦荟蜜桃饮　145
胡萝卜牛奶　145
烧豆花牛肉　146

海带炒卷心菜 146
小炒羊肚 146
松炸土豆 147
芋儿牛肉 147
爆炒猪耳 147
拌双丝 148
爆炒羊肚 148
牛肉汤 148

PART5 美丽窈窕的女性美食

金银花草茶 150
荷花鸡 150
槐花茶 150
芹菜汁 151
黄豆焖牛腩 151
韭菜炒香干 151
芦荟西蓝花豆腐煲 152
黄豆煨猪尾 152
柠檬水 152
冰糖木瓜炖雪蛤 153
红枣蒸板栗 153
十全乌鸡汤 153
菊花茶 154
荷花首乌肝片 154
甜脆银耳盅 154
薄荷槐花茶 155
蒜薹炒猪肝 155
毛豆拌菠菜 155
养颜枸杞茶 156
瘦肉蒸丝瓜 156
红酒雪梨 156
香橙雪蛤 157
桂圆花生茶 157
瘦腰桃花蜜 157
玫瑰当归茶 158
南瓜蜜豆 158
补血阿胶炖鸡 158
黄豆猪皮冻 159
烧辣猪皮 159
虎皮扣肉 159
补水鱼冻 160
腌黄瓜 160
绿茶虾仁 160
浇汁驴冻 161
拌油麦菜 161
醋熘黄豆芽 161
五花肉烧豆腐 162
银丝鲫鱼汤 162
香椿豆腐 162
天麻炖老鸽 163
韭菜炒豆芽 163
什锦拌牛肉 163
鸭肉海参汤 164
黑木耳炒肉 164
西红柿炒洋葱 164

PART6 健体的男性食谱

牛肉炖时蔬 166
鸡肉山药粥 166
鲤鱼馄饨 166
鳗鱼米饭 167
西红柿鸭蛋炒面丁 167
双色肉丁蒸饭 167
糖醋海参 168
剁椒黄花鱼 168
糖醋排骨 168
红烧鲍鱼 169
香锅虾 169
红烧大肠 169
豆烧鲈鱼 170
滋补蜂蜜核桃仁 170
西蓝花炒猪腰 170
麻辣萝卜干拌肚丝 171
西葫芦烧肉 171
蒸甲鱼 171

烧甲鱼 172
拌金钱肚 172
清蒸鲍鱼 172
红烧南非鲍 173
小油菜烧鲍鱼 173
酸菜炖黑鱼 173
孜然麻椒羊排 174
冬瓜香菇鸡杂汤 174
酸辣鸡汤煲 174
胡萝卜猪肝汤 175
什锦炒牛肉 175
辣椒甲鱼 175
苦瓜炒土鸡蛋 176
香菇烧草鱼 176
桑葚酿馅鸡 176
原味蟹腿 177
油条炒丝瓜 177
酸味鳗鱼 177
麻辣章鱼仔 178
蟹黄鱼唇 178
泡椒腰花 178
咸肉鳝鱼烧丝瓜 179
枸杞烧猪蹄 179
酱炒螺蛳 179
口蘑肉汤 180
首乌猪肝汤 180
清炖蟹粉狮子头 180
香煎多春鱼 181
枸杞乳鸽汤 181
猪腰杜仲汤 181
木耳拌鲜茸 182
麻辣拌牛肉 182
黄瓜皮炒肉筋 182

PART7 健康长寿的老年佳肴

开胃山楂 184
木瓜薏苡仁粥 184
香菇炖鸡腿 184
小米海参汤 185
腐竹烧木耳 185
葱爆羊肉 185
凉拌腐竹 186
什锦蔬菜 186
干锅黄鳝 186
小炒驴肉 187
红烧肉焖茄子 187
芥蓝煎鳕鱼 187
清炒西蓝花 188
鸡汤萝卜 188
红烧鹅掌 188
炸虾天妇罗 189
猪肉韭菜荸荠煎饺 189
豆豉鲮鱼炒豇豆 189
什锦炒饭 190
三鲜烧卖 190
苦瓜烧肥肠 190
萝卜鱿鱼汤 191
葡萄干莲子汤 191
爽口蕨根粉 191
鸡肝银耳汤 192
鸡肝菠菜汤 192
豆角炒肉 192
熘炒黄花猪腰 193
红枣五味炖兔肉 193
干锅牛蛙 193
红烧胡萝卜 194
麻酱拌西红柿 194
平菇海带胡萝卜丝 194
法式蜗牛 195
红袍墨鱼仔 195
牛肉春卷 195
海苔西红柿土豆卷 196
西红柿香菇煲鸭肉 196
茯苓红豆包子 196
西红柿色拉 197
腊味蒸娃娃菜 197
茭白猪肉包子 197
简易奶酪蛋糕 198
党参萝卜炖排骨 198
金针菇拌小油菜 198
土豆鸭儿芹无油色拉 199

绿豆莲藕汤 199
排骨玉米汤 199
虎皮尖椒 200
豆腐青鱼丸汤 200
枸杞川贝炖雪梨 200
金针豆腐汤 201
猕猴桃饮 201
焖小酥鱼 201
大刀豆肉丝 202
青菜豆腐蒸 202
烧毛豆 202
榨菜鸡蛋汤 203
猪肝白菜汤 203
银耳猪肝汤 203
鸳鸯汤 204
排骨莲藕汤 204
葱花蛋汤 204
扬州老干丝汤 205
枸杞牛肝蒸饺 205
亲子面 205
叉烧汤面 206
绿豆饭 206
罐烩灵芝鸭血羹 206
金针菇香菜肉片汤 207
紫菜鸡蛋汤 207
豆芽粉丝 207
煲鲍鱼汤 208
山药炒肉 208
桂花干贝 208

PART8 缓压排毒的职场餐

拌萝卜皮 210
腊肠苦瓜 210
啤酒泡椒炖带鱼 210
蒜末茼蒿 211
蒜拌黄瓜 211
酸味麻辣凉粉 211
炖百合蛋汤 212
西红柿色拉 212
山楂红枣汤 212
玫瑰酸梅汤 213
金汁脆皮茄条 213
韭菜薄饼 213
粉丝娃娃菜 214
西湖莼菜汤 214
冰镇山药 214
蛋黄南瓜 215
小炒蛏子 215
鲜菇烧豆腐 215
香菇苦瓜 216
番茄酱魔芋 216
豆豉辣子苦瓜 216
丝瓜豆泡 217
羊肉串 217
鸡丝拌芹菜 217
小炒辣子鳝鱼 218
豆腐干炒肉 218
韭菜水饺 218
韭菜冻 219
苋菜螺肉炸酱面 219
肉末西红柿盅 219
韭菜鸡蛋蒸饺 220
牛奶煮卷心菜卷 220
辣螃蟹 220
辣烧茄子 221
猪肉莲藕夹 221
老醋拌木耳 221
麻酱鲍片 222
辣子竹笋 222
炖麻辣带鱼 222
地三鲜 223
牛奶炖西蓝花 223
草鱼丸子 223
香油汁蒸鸭肝 224
凉拌瓜片 224
西红柿拌芹菜 224
三色野兔丝 225
西红柿面汤 225
烤麻辣酥鸡 225
茉莉煮豆腐 226

蜜汁糖鲫鱼 226
油泼豆腐丝 226
西红柿南瓜汤 227
合面墨鱼煎饺 227
清蒸蟹 227
炖炸豆腐 228
鸡蛋酱油炒饭 228
芹菜山楂粥 228
洋葱饼 229
卤香菇 229
土豆炖茄子尖椒 229
葱油海带 230
豆瓣烧茄子 230
小拌豆腐丝 230
鲜蘑烧腐竹 231
鸡蛋炒黄花菜 231
凉拌木耳菜 231
醋海蜇 232
豆腐煲 232
苦瓜荠菜瘦肉汤 232
烫空心菜 233
葱油金针菇 233
肉丝土豆丝 233
杏鲍菇炒肉片 234
炒香干菠菜 234
炖三菇 234
炒焖黄豆 235
木耳豆腐丁 235
醋拌四样 235
金盏菊花茶 236
海带炖豆腐 236
西红柿肉肠蒸米饭 236
墨鱼纳豆 237
凉拌苦菊 237
竹荪丝瓜 237
剁椒白菜 238
皮蛋豆腐 238
炒白萝卜 238
老虎菜 239
拌洋葱 239
柠檬洋葱汁 239
麻辣板筋 240
萝卜干拌皮蛋 240
腰果拌西芹 240
麻辣鸡脖 241
蓑衣黄瓜 241
凉拌琼脂 241
凉拌苦瓜 242
猪肉香菇锅贴 242
干贝蒸丝瓜 242
青椒炒黄瓜 243
青菜炒草菇 243
老醋泡时蔬 243

PART 1

日常养生小窍门

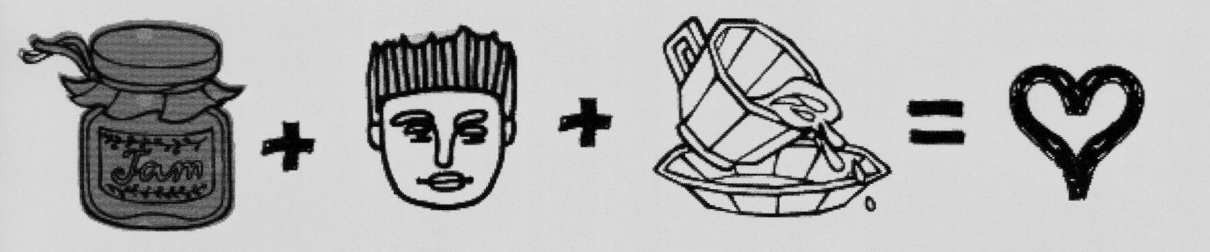

健康要“好色”

嘴巴也“好色”，当今的食物可谓是五颜六色。植物中天然的营养素使得蔬菜、水果产生不同的颜色。

在食物的范畴中，有人们最喜欢的红的，还有绿的、黄的、蓝的、紫的、白的、黑的等，食物的颜色就像彩虹一样色彩斑斓。那么食物为什么会有这种颜色上的差别呢？其实这种颜色不是随意得到的，而是一群提供这种颜色的富有生命活力的营养素。

由此可知，颜色越多的食物，提供的这些营养物质就越丰富。如果我们能在餐桌上搭建这样一个食物的“彩虹”，那么所映照着的整个食物世界一定是最美的。这同时也反映出两点：第一，食物营养素含量立体化、丰富化；这符和我们所说的食物的多样性。第二，在这种食物多样性、立体化、丰富化的食谱下面可以使我们的健康系数放大到最大，反之危险系数降到最小。

红色食物

红色的食物对人体特别有益处，它们组成了一个大家族。比如说：草莓、红苹果、樱桃、西瓜、辣椒、胡萝卜等。只要和红颜色沾边的食物都算在这个家族里。它们的红颜色都来自于番茄红素和许多跟红色有关的微量元素。其中推荐给大家最喜欢、最普通的就是西红柿。

西红柿作为红色食品的代表，可以开胃，给人愉悦的感觉，它含有大量的维生素 C、矿物质、膳食纤维和番茄红素，外皮上还有很多的膳食纤维。由于这些营养素综合发挥的作用，可产生强大的抗氧化功效。

实际上人的老化过程是不断被氧化的过程，人要想防止衰老、

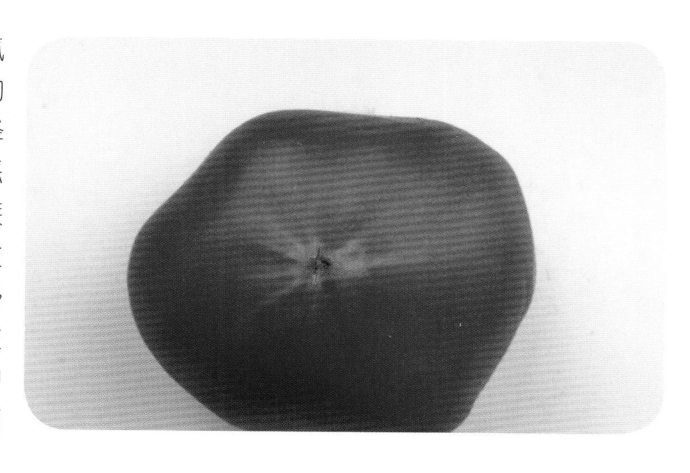

延缓衰老，首先要抗氧化。具有抗氧化功效的番茄红素，可以有效降低患心脑血管疾病、恶性肿瘤、男性前列腺疾病的风险。根据研究发现，番茄红素摄入量多的男性，前列腺癌的发病率较低。当然，其中的维生素 C 也同样具有抗老化的作用。另外，具有抗氧化作用的番茄红素对老年人心血管疾病也有一定的保护作用。

市面上的西红柿颜色很多，形状有大有小，那么圣女果和普通的西红柿又有什么区别呢？

其实圣女果和西红柿的营养差不多，只是圣女果相对于西红柿，有些维生素和糖分偏高一点而已。

另外，在挑选西红柿的时候，还要注意以下标准。

1. 西红柿要成熟，但是也不能熟过分。要新鲜、自然的熟。

2. 西红柿的形状不能奇形怪状，更不要是歪瓜裂枣状。

3. 西红柿的颜色要均匀，不要红艳了。过于红的颜色一般都是有其他的物质添加，一定要小心。

4. 青西红柿（不是青品种的西红柿）要选择蒂是绿色的，蒂不能红。

5. 选择的时候要捏一捏，皮要不软不硬，有一定的弹性、韧度。

6. 从安全角度考虑，不挑带尖的西红柿。

西红柿中虽然有大量的番茄红素，但是番茄红素不加热的话，就很难被人体吸收。那么，西红柿究竟是加热吃好还是不加热吃好？这要看你取舍的侧重点。

如果是番茄红素，加热有助于番茄红素破壁出来，热吃时有助于番茄红素的转运和吸收；但是如果是侧重维生素 C，那么还是生吃的好。

为了营养均衡，也可交替着吃。

很多人——尤其是减肥的人，喜欢空腹吃西红柿。那么西红柿能空腹吃吗?

首先要告诉大家，空腹吃西红柿没有减肥的作用。西红柿里含有胶质物和有机酸，有机酸和胶质物质产生一定的作用就会结块，让人会觉得胃不太舒服。另外，有机酸能加重对胃的刺激。

很多人认为一些食物是不能一起吃的。并不是说吃了会中毒，而是认为很可能会抵消彼此的营养，达不到养生的效果。其实这样的说法是完全错误的！首先，这些认知没有科学依据，如果把每个他们认为相克的食物都列举出来的话，这些食物可以被列成一个很长的清单！按照上面的说法，我们根本就没法吃饭了。

就拿西红柿为例，有人说生的西红柿不能和黄瓜一起吃。理由是黄瓜里有一种破坏维生素 C 的物质，如果把黄瓜和西红柿一起吃进去是没有营养的。事实上，所有的植物都含维生素 C，一旦离开了维生素 C，没有一种植物能够成活。植物学家发现，植物里之所以含有一定量的维生素 C，那是因为植物的内部含有一种抑制维生素C的元素，同时又含有促进它生长的元素。在这两种元素的相互作用下，植物中的维生素 C 含量就平衡了。因此，不仅黄瓜里含有抑制维生素 C 的元素，西红柿里也有，白菜、萝卜等蔬菜里也都有。再者，假如黄瓜里具有强烈的破坏维生素 C 物质的话，那它为什么不首先把黄瓜里的维生素 C 破坏掉呢？所以说，这样的说法根本就是无稽之谈。自古以来，人们把黄瓜和西红柿一起吃都没有发生任何问题。

黄色食物

说起黄色食物，人们经常吃的就是玉米。

说到玉米，人们就一定会联想到日常生活中的食用油。玉米油、花生油、葵花子油等，都是人们最常使用的食用油。虽然没有哪一种油是十全十美的，但玉米油绝对是一种健康的食用油。因为玉米中含有相当数量的维生素 E，还含有一定量的不饱和脂肪，很多是人体需要的亚油酸。人如果没有亚油酸会出现一大堆麻烦，例如看皮肤就会变老。

但是在烹饪的时候要注意，玉

米油不适合炸东西。高油温会破坏维生素E，产生破坏心脏、破坏血管的一大堆过氧化物质。

玉米中的膳食纤维有两类，不溶于水的和溶于水的，这些膳食纤维各司其职，相互作用。溶于水的膳食纤维能延缓脂肪和糖的吸收，减缓餐后血糖升高的速度，调节血糖。减缓血脂的吸收，调节血脂。不溶于水的膳食纤维能促进肠道的蠕动，有利于排便，而且定期排便还能减少结肠疾病的发生。

现在的玉米种类和颜色很多，有甜玉米、老玉米、黏玉米、紫玉米、彩色玉米……这些颜色各异的玉米究竟有没有营养差别呢？

其实各种颜色的玉米营养价值差别不大，没有必要说为了某些原因或者要补充营养去买彩色的玉米，在挑选玉米的时候可以黄色为准，但是黄色里掺杂着其他颜色也不会有多大的影响，可以随意挑选。

吃玉米也是有讲究的，人们在吃玉米的时候一定要注意吃得“完全”。这里的完全指的是要把玉米的胚根和胚芽全吃进去。因为维生素E、不饱和脂肪酸和各种有益的元素都集中在胚根和胚芽内。在吃玉米时还要注意的一点：对于老年人，特别是肠胃功能较弱的老年人来说，一天吃 1 根就足够了。假如一个老年人一天之内吃了 4 根玉米，那么大量的膳食纤维很可能会引起胃胀、胃酸。还要注意，吃1根玉米要减少25克的主食。

当人们下馆子吃饭时，饭店里往往会提供香甜的玉米汁，深受消费者喜爱。那么把玉米打成汁喝进胃里是不是也能起到同样的作用呢？事实上，吃整根的玉米要比喝玉米汁更便于吸收。

首先，吃玉米能够锻炼人的咀嚼肌，促进肌肉的协调运动。其次，完整地吃玉米能够很好地保留其中的膳食纤维，而打成汁以后，其中的膳食纤维很容易被破坏。所以说，从润肠通便的角度来说，完整地吃玉米比喝玉米汁要好得多。再者，榨汁的过程会破坏玉米中所含的水溶性维生素，而完整的玉米则能够很好地保留下来。不过对于一些牙口不好的老年人或者牙疼的人来说，喝玉米汁是一个很好的选择。其实玉米汁和玉米可以交替着吃，在餐厅时也可以喝玉米汁，在家里就尽量煮整根的玉米来吃吧。

黑色食物

黑色的食物有很多，比如说黑木耳、黑豆……

黑木耳营养丰富，里面含有很多抗氧化的东西，还含有膳食纤维、各种维生素等。而且更难得的是，黑木耳的黑色是由一种天然的黑色素——一种叫做花青素的物质决定的，这种物质本身就是一种很强大的抗氧化物质。

另外，木耳搭配盐，银耳搭配糖，其实这是口感的问题，和营养并没有关系。

那么我们在挑选木耳的时候又应该怎么挑选呢？

黑木耳要挑颜色均匀的，叶面肥厚、完整、没有打结、硬结的。在木耳干了的时

候，是会卷一点点。另外，千万别用热水泡木耳，用凉水泡持续时间要长点，如泡5小时，中间可以换一次水。还有就是从营养的角度来说，最好不要用盐泡木耳，这样会导致盐进入木耳中，无形中增加了盐的摄入。

虽然说木耳很好，但是也不要认为它就是万能的，任何时候都要相互搭配才能发挥其作用，才能更好地被人体消化和吸收。所以在吃东西的时候，要各样都吃一点，营养均衡为好。

每天8杯水

喝水是人活着每天必须要做的事情，每天喝够8杯水则有助于排毒抗衰。

这个世界上有很多人年近花甲但看起来却是不惑之年的样子，言谈举止神采飞扬，精力充沛，其中的秘诀就是每天喝够8杯水。

随着年龄增长，体内固有的水分会逐渐减少，人在几十年的时间里水分流失量会达到总量的四成左右，这是在自然状态下的情况，如果生活环境恶劣的话，水分流失的比例会远远高于这个水平，皮肤细胞内水分减少是皮肤出现皱纹的重要原因。此外，多喝水还可以预防心脑血管疾病，防止血管阻塞。

人每天喝水的量至少要与体内的水分消耗量一致。人每天大约要消耗掉2500毫升水，但从食物中和体内新陈代谢中补充的水分大约只有 1000 毫升，所以每天还需要补充水分 1500 毫升，大约是 8 杯，我们应该学着让主动喝水成为一种习惯。

吃点醋更健康

人在劳累的时候，一天喝 3 小杯左右的醋，可以迅速地缓解疲劳，消除痛苦，使身体变得轻松而柔软。

通常来说，下午 3 点左右是一天中最容易疲劳的时段，可以在这个时候喝一杯果汁醋，能起到非常好的缓解疲劳的效果。

醋除了用来调味，还具有很多功能，比如众所周知的美容效果等。

不经常活动的人，突然活动或运动过度，很容易会出现肌肉酸痛的现象，因为活动、运动会使新陈代谢加快，肌肉中短时间内会产生很多乳酸，如果吃点醋，或在烹调食物时多加些醋，醋就会使得糖的代谢加快，促进有氧代谢的顺畅进行，能使体内积蓄的乳酸完全氧化，有利于清除沉积的乳酸，起到消除疲劳的作用。

劳累说到底其实是体内酸毒所引起的，喝就是利用它来排出体内酸毒。

泡茶别用保温杯

很多人喜欢准备一个保温杯，随时备上茶叶，一有工夫就用保温杯泡茶喝，一天到晚茶都是温热的。也许人们认为这样口感很好，还可以保温，其实这种喝茶方法是不正确的。喝茶最好是用紫砂壶或陶瓷茶具冲泡，如果实在喜欢喝热茶，可以等茶泡好了再倒入保温杯中。

茶有消除疲劳、利尿、减肥等作用，是一种很适合用来排毒的饮料，但是如果用保温杯泡茶，长时间的高温就好比温火煎煮，会破坏茶叶中的营养成分——维生素 C 等营养物质，这些营养物质在水温超过 80 摄氏度时就会被破坏。

长时间高温浸泡会使茶多酚、单宁等物质大量浸出，茶水颜色会变得浓重，味道会变得苦涩，茶中的芳香油会很快大量挥发，这样不仅降低了茶叶的营养价值，减少了茶香，还使有害物质增多，从而降低茶的排毒功能。

长期饮用这种茶，会引起消化、心血管、神经和造血系统的多种疾病。

不要空腹吃柿子

柿子，尤其是新鲜的柿子有很好的美容功效，可以排出皮肤中的毒素。但是空腹吃未加工或未去皮的柿子，容易引起腹疼、呕吐等现象。最好是吃过饭以后再吃柿子。

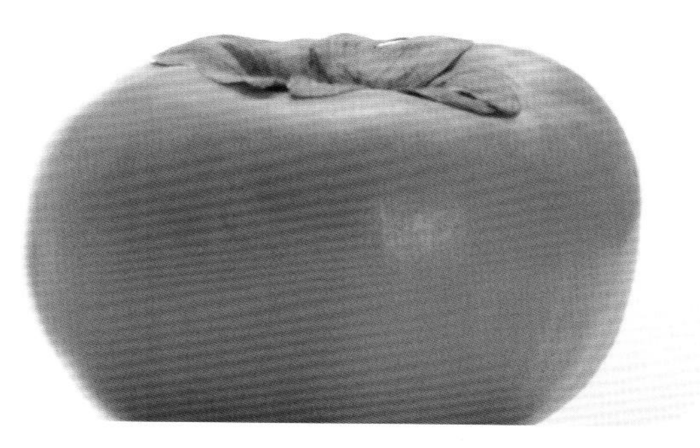

空腹吃柿子，柿子中大量的柿胶酚和红鞣质收敛剂与胃里的胃酸容易凝结成硬块，形成“柿石”，即胃柿结石。它是一种不溶于水的块状物。胃柿结石长期停留在胃中，既不能被消化，又不能被排入肠中，因此，会刺激胃黏膜，引起炎症、糜烂、溃疡，并引起胃功能紊乱，导致胃柿结石症，引起恶心、呕吐、胃溃疡，甚至胃穿孔。

因此，喜欢吃柿子的朋友们要注意了，为了您的健康，千万不可吃呀！

冰镇西瓜不如常温西瓜

西瓜中没有脂肪和胆固醇，水分和其他营养素却比较齐全，因此西瓜可以算得上是一种十分难得的排毒水果了。现在很多人喜欢吃冰镇西瓜，但是这对于西瓜的排毒效果非常不利。

将西瓜从冰箱中拿出来，这不但不会使其保质期缩短，反而还会使它保存得更久，营养素也会更高。

常温保存的西瓜比刚摘下来的西瓜含有更多的营养成分，尤其是番茄红素含量最大。有人曾经测试过，把西瓜在不同温度下保存相同时间的营养素情况，将它们分别放在 21 摄氏度、13 摄氏度和 5 摄氏度的条件下保存 14 天，结

果保存在 21 摄氏度——相当于室温的西瓜含有最多的营养物质。与刚摘的西瓜相比，保存在 21 摄氏度的西瓜番茄红素多 40%，可转化成维生素 A 的 β－胡萝卜素更是多出 50% ～ 139%，而将西瓜冷藏在冰箱或冰柜里便减缓和阻碍了营养成分的产生速度。

冰镇西瓜吃起来虽然爽口，但营养成分比在室温下保存的西瓜要少得多，而且还容易变质，西瓜在 13 摄氏度下的保存期是 14 ～ 21 天，而将它们保存在冰箱或冰柜中，也就是在 5 摄氏度的条件下保存时，西瓜 7 天后就开始变质了。

蔬菜不要久存，也不要立马放冰箱里

了解了毒素和认识了排毒的一些知识以后，我们就会对蔬菜刮目相看，因为体内很多种毒素的排出都需要靠多吃蔬菜来解决。

很多人喜欢在周末采购很多蔬菜，将一周要吃的菜都存放在冰箱里，于是有些蔬菜就会被存储很多天，这样是不正确的。

存放过久的蔬菜会产生很多有害物质，还会使营养素流失，蔬菜中的硝酸盐在储存了一段时间以后会在细菌的作用下还原成亚硝酸盐。它是一种有毒物质，可以夺走蛋白质。而且存储久了的蔬菜中的维生素 C 几乎会全部流失。

大多数的农药喷洒在蔬菜上后，一段时间内会由植物体内的酵素分解掉，因此，刚买回来的蔬菜应该先放一两天，让蔬菜有时间分解掉残留的毒素，最好不要立刻将蔬菜放入冰箱里，冰箱内的低温会抑制蔬菜酵素的活动，使其无法分解残毒。

所以，刚买回来的蔬菜要先放在室内阴凉处，不要立刻放入冰箱，但也不能存放太久而不食用。

蔬菜竖着存放更鲜嫩

买回蔬菜后不能将蔬菜往冰箱里一扔了事，更不能倒着放，正确的方法是将蔬菜捆扎好后垂直竖放。

只要留心观察就会发现，垂直放的蔬菜往往会显得葱绿、鲜嫩、挺拔，而平放、倒放的蔬菜通常都是发黄、枯萎、打蔫，存放的时间越久，这种差异就越明显。

这种现象的出现是有一些原因的。垂直放的蔬菜，其中叶绿素的含水量比水平和倒着放的要多，时间越长，平放和倒着放的蔬菜水分的流失量就越多，差异也就越来越明显。

叶绿素中造血的成分对人体排毒十分有利，垂直放的蔬菜生命力强，既能维持蔬菜生命力，也能减少维生素的损失。因此，买回蔬菜后应垂直放，不要随便扔。

用干毛巾清洁冰箱

冰箱现在已经不仅仅是一个工具那么简单了，我们吃进肚子里的东西多半都要经过冰箱这一关，如食物处理不当，即使放入冰箱也会滋生病菌。

冰箱的清洁是一项浩大的工程，要将冰箱清洁彻底很不容易，其实对于越来越忙碌的人们来说，巧用干毛巾是一个很便捷奏效的法子。

冰箱用一段时间以后必须要清洗，不然就会滋生病菌，而冰箱清洗起来又很麻烦，人们几乎又没有时间来照顾冰箱。这样对于生活来说，可不是个好习惯。

不妨在冰箱的架子上分别铺上干净的干毛巾，干毛巾会吸附冰箱里的污垢。等到污垢沾得差不多的时候，就将干毛巾取出来，洗涤干净，拿到太阳底下晒干消毒。晒干以后，再将毛巾铺在冰箱的架子上，这样既能保持冰箱内的清洁，又省心、省事。

解冻食品忌用高温

从冰箱里刚拿出来的冷冻食品，解冻的正确方法是：将食品放在室温（0 摄氏度～ 20 摄氏度）条件下自然缓慢解冻，也可以用 15 度左右的自来水喷淋解冻。速冻方便食品的解冻方法是：先将其连同包装由冷冻室移至冷藏室，进行低温解冻，再移到室温条件下完全解冻。

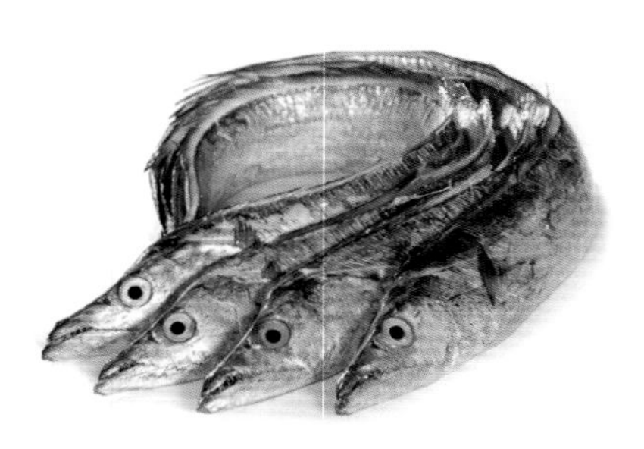

冷冻食品采用高温急速解冻或立即浸泡在水中解冻都是不可取的方法。要保持冷冻食品的质量，有一些科学的解冻方法可以遵循。有实验证明，食品解冻时，当温度上升到一定范围（由 0 摄氏度上升到 8 摄氏度，相对湿度为 70%～ 90%）时，食品中细胞内外的冰晶就会融化成水，可以被吸收到细胞中去，恢复细胞的常态，避免可溶性成分流失。如果采用高温急速解冻的话，冰晶融化的水分就带着细胞内的可溶性成分流失，食品的营养成分也会随之流失，味道变异，影响食品的质量，降低食品的排毒功效。

另外，冷冻食品一经解冻，应立即加工烹调，存放时间过长会引起变质和营养成分的流失，而食品的新鲜和营养都是排毒的基础。

青椒去蒂再清洗

多数人在清洗青椒时，习惯将它剖开成两半再清洗，或者是拿起来就放到水中去清洗，其实这都是不正确的清洗方法，正确的方法应该是先去带，再将青椒放到清水中洗净。

青椒独特的造型与生长姿势，使得污物和喷洒在青椒上的农药很容易累积在凹陷的青椒带上，因此，用常规的清洗方法很难将青椒清洗干净，反而还会使得带上的毒素残留物浸入水中或是浸入果肉中，进而污染到青椒的果肉，不但起不到清洗的作用，反而造成污染，将毒素带到体内。

同样，红椒、黄椒等辣椒类蔬菜最好都采取先去蒂再清洗的方法。

淀粉洗葡萄

先将腐烂的葡萄果粒去除，小心地剪开葡萄果蒂与果实交接处，不要剪破果皮，不然洗涤时容易污染果肉，也不要留一小段果梗，留有小果梗的葡萄粒不容易洗干净，还会刺伤其他的葡萄。

再将葡萄粒放入盆中用少量清水浸泡，将淀粉撒一点在手中，搓一搓，然后轻轻搓洗葡萄，搓一会儿后倒掉脏水；接着用清水将葡萄冲洗干净，冲到没有泡沫为止，放入筛子中沥干水；倒入一个铺上干毛巾的平盘上，一次最好是只铺一层葡萄，用双手摇动平盘，使葡萄均匀滚动，这样可以吸干残存的水分。

整个洗涤过程不要太久，保持在 5 分钟之内最好，以免葡萄吸水胀破而烂掉。

小小柚子皮作用大

柚子皮对于防治血液中的毒素能起到不错的效果，可以防治因血淤而引起的冻疮以及防虫去膻等。

治冻疮：晒干的柚子皮煮水，烧到很浓后，用毛巾蘸取汁液热敷没有破皮的冻伤处。热敷的温度，要渐进，一开始不要太高，等到冻伤的地方渐渐适应后再逐渐增加温度，直到将毛巾从锅中拿出来以后直接敷到伤处。耐心地坚持一个冬天，可以促进冻伤的恢复和有效地杜绝来年重犯。

防虫去膻：将柚子皮的白筋撕下，放在通风的地方，等到白筋干硬后，用扎破一些小孔的塑胶袋装好，这样就成了很好地去肉类膻味的辛香料。也可以将它放在橱柜内防虫蚁，放在米缸中也可以用来防虫。

清洗砧板先冷水再温水

砧板是容易藏污纳垢的地方，因而很容易积累毒素，特别是砧板的裂痕里更容易被污染，并且清洗也十分不便。除了常规的盐水消毒 8 方法外，还要注意水温的影响，最好是先用冷水清洗，再改用温水冲洗干净。

砧板是每天做饭都会用到的工具，跟我们的健康息息相关，因此，砧板必须时刻保持清洁的，切过蔬菜、鱼肉等之后务必清洗干净。尤其是切过鱼肉之后，更要注意清洗干净，不然很容易滋生病菌。

切鱼以后不能用热水洗砧板，鱼的脂肪和蛋白质一碰到热水就会凝固在砧板上，而这些脂肪和蛋白质常常是带有腥味的，这样腥味也会留在砧板上不容易洗掉。应该用冷水清洗，如果已经沾上了腥味，可以先用盐揉擦一阵，再用冷水冲洗，有助于除去腥味。切肉之后，也要先用冷水清洗再用温水冲净。

开水烫餐具要久一点

用开水烫餐具可以达到消毒的目的，但是有一个条件，那就是烫久一点。开水的温度一般维持在 100 摄氏度，烫得久一点，才能保证毒杀彻底一些。

对餐具来说，高温煮沸是最常见的消毒方式，很多病菌都能通过高温消毒的方式杀灭。但是，高温消毒要真正达到效果要具备两个条件：一是温度要足够，二是时间要充分。

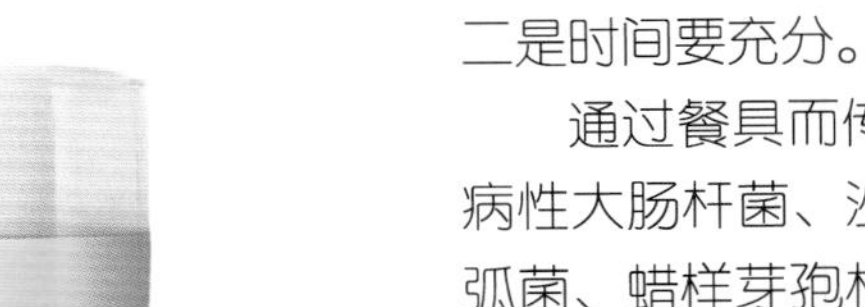

通过餐具而传播疾病的微生物大致有：病性大肠杆菌、沙门氏菌、志贺氏菌、霍乱弧菌、蜡样芽孢杆菌等。这些细菌多数都必须经过 100 摄氏度的高温持续作用 1 ~ 3 分钟，或在 80 摄氏度的条件下加热 10 分钟才能死亡，加热温度如果是 56 摄氏度，加热 30 分钟后，这些细菌仍然可以存活。另外，某些细菌对高热有很强的抵抗力，如炭疽芽孢、蜡样芽孢等。

用开水煮饭

煮饭的时候，将米淘好后用冷水烧开是很多人的习惯，事实上正确的做法应该是先将水烧开，用开水来煮饭。

开水煮饭可以缩短煮饭的时间，避免因为煮的时间太久而使得维生素受到破坏或是流失过多。而且开水的温度能够使得大米中不溶于冷水的淀粉颗粒溶解，因为开水的温度能够促进淀粉吸收水分膨胀、破裂，进而变成糊状，容易煮熟。

我国城镇居民多用的是加氯消毒的自来水，将水烧开能够挥发掉自来水中的氯气，避免氯破坏大米中重要的营养成分维生素 B_1，维生素 B_1 损失的程度与烧饭的时间和温度是成正比的。

体内缺少维生素 B_1 会影响胃肠道的功能，破坏循环、消化系统的正常功能，使得体内的各种毒素持续积累，容易产生疲劳、食欲不振、四肢乏力、肌肉酸痛、浮肿、顽固性失眠等症状。

妙用淘米水

我们煮饭的时候很少会去想淘米水有什么用途，通常都是被倒掉的。其实淘米水在日常生活中还真的能派上很大的用场呢，是日常生活排毒的好帮手。

清洁衣物：淘米水中沉淀的白色黏液多半是淀粉，因此用煮沸以后的淘米水浆洗衣服，去污洁净的效果非常好，高温能够使得淀粉变性，从而具备更加良好的亲油亲水性，可以轻松吸附油垢，清洁能力更加明显，使得衣物中附带的毒素能被轻松去除。

去除油漆味：新油漆的家具都会有一股很浓的油漆臭味，这是由有毒物质引起的，用淘米水擦 4 ~ 5 遍，臭味就能够明显减轻或者去除，而且用淘米水擦洗后的油漆家具也显得更明亮。

美容去口臭：经常用淘米水洗脸、洗手，不仅可以去污，而且还会使皮肤变得光滑、有弹性。如果用淘米水漱口，那么还可以治疗口臭或防止口腔溃疡，清除引起溃疡的毒素。

去腥去污：刚买回的肉大多会沾染上尘土等污物毒素，用自来水很难洗净，如果用热淘米水洗两遍，脏物污物就会很容易地被清除。另外，用淘米水洗腊肉要比用清水洗干净一些。淘米水洗猪肚，比用盐或骨矾搓洗省劲、省事并且干净、节约。先用加盐的淘米水搓洗带腥味的菜，再用清水冲净，去腥效果特别好。

加工食品的陷阱

因为现在生活压力变大，生活节奏加快，所以我们基本上都已经非常适应在外面吃饭，或者是买一些加工食品来吃。虽然表面上看起来没有任何问题，但是在外面吃饭和买加工食品却存在着我们看不到的陷阱！

有很多汉堡，为了调味增加了脂肪，使用了很多促进胰岛素分泌的淀粉。看起来是一样的鸡肉，但里面掺入了很多肉末脂肪和淀粉。

在我们吃火锅的时候，大受欢迎的鱼丸、北海翅、墨鱼丸、虾丸等也一样。即使是炒鸡蛋，但是如果里面放入了糖，危险值也会陡然上升。

所以，如果外出吃饭的话，还是选择正统的中式菜或者牛排、寿司、生鱼片等材料比较明显的食物比较放心。

还有，纤维质不足也是在外边吃饭的一个弱点。尤其是在以精制谷物为主食的现代社会更为严重。很多人都认为精米比粗粮好，实际却是相反的。经过了多道程序的加工，精米的营养成分反而下降！所以请在菜单中加入一些维生素和矿物质丰富的食物。

虽然每个人的口味和喜好不同，但还是尽量选择我们正统的中式菜会更利于保持膳食平衡，而且口味也十分丰富，可以满足不同需要者！

剩菜要少吃

都说吃剩菜没营养、容易生病，这个说法正确吗?

首先最好不要剩菜，这是因为吃饭的时候，一边吃一边夹菜，剩菜中会有口腔中的细菌，而且细菌进入之后，就会将菜中的硝酸盐变成亚硝酸盐，在体内遇上胺，就会变成亚硝酸胺，这是一种致癌物质。所以，如果将做好的菜先分出一部分存储起来，就可以避免上面的情况，但还是不要吃剩菜为好。

	刚做好的菜	吃剩下的菜
细菌 / 菌种	4~5 种	7~8 种

PART 2

营养均衡的孕妇美味

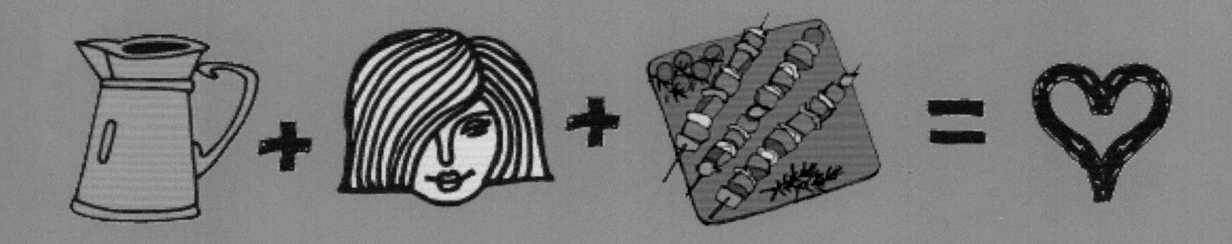

西红柿炖牛腩

[食材]
牛腩 300 克，西红柿 150 克。

[调料]
姜、葱各 10 克，料酒、盐各 1 勺，味精适量。

[做法]
1. 将牛腩洗净切成小方块，西红柿放入开水中烫片刻，捞出剥去皮，切成月牙块；姜切末；葱切段。
2. 炒锅置火上，倒入食用油烧至五成热时，放入牛腩翻炒。
3. 加入西红柿继续翻炒。
4. 加入适量清水、姜末、葱段、料酒，中火炖至肉熟，加入盐、味精调味，收汁即可。

胡萝卜拌菠菜

[食材]
胡萝卜 250 克，菠菜 100 克。

[调料]
盐适量，酱油、香油、醋各 1/2 勺，芥末 3 克。

[做法]
1. 胡萝卜洗净后切成片；菠菜摘洗干净后切成段，分别投入沸水锅内焯一下，捞出用凉开水过凉，取出，沥干水分。
2. 芥末加适量水，调成芥末汁。
3. 胡萝卜片、菠菜一起放入盆内。
4. 加入盐、酱油、醋、芥末汁和香油，拌匀盛盘装成即可。

花生拌菠菜

[食材]
菠菜 300 克，花生米 50 克。

[调料]
葱、姜、大料、蒜泥、盐、糖、鸡精、生抽、香醋、香油、辣椒油各适量。

[做法]
1. 将花生米入开水锅中，加入大料、葱、姜、盐，煮熟备用。
2. 取一个小碗加入盐、鸡精、生抽、香醋、糖、蒜泥搅拌均匀备用。
3. 另取一锅烧开水，放入洗净的菠菜焯烫 1 分钟，捞出过凉。
4. 所有材料放入大碗中，倒入调好的料汁，加入香油、辣椒油拌均匀即好。

秘制鸡中翅

[食材]
鸡中翅 250 克，干辣椒 10 克，小葱末少许。
[调料]
葱末 20 克，蒜末少许，五味酱 2 勺，辣椒酱 1/2 勺。
[做法]
1. 起油锅，将鸡中翅煎至表面焦黄。
2. 另起炒锅，加入油、葱末、蒜末、干辣椒炒香，续入其他调料及煎好的鸡中翅，继续煎熟，撒上小葱末即可。

粉条炖小鸡

[食材]
鸡块 500 克，粗粉条 350 克，白菜 200 克，香菜少许。
[调料]
酱油、鸡精各 1/2 勺，盐适量。
[做法]
1. 粗粉条泡软；白菜手撕成块儿；鸡块焯水备用。
2. 放适量油，葱姜爆锅，加入鸡块翻炒。
3. 加入泡好的粉条翻炒，调入酱油。炒一会儿加入热水，没过鸡块。
4. 开锅后加入白菜，转小火焖至汤汁收稠，白菜和鸡肉软烂，加盐调味，撒上香菜即可。

小炒北极虾

[食材]
北极虾 200 克，姜 1 小块。
[调料]
盐适量。
[做法]
1. 北极虾洗净，姜洗净切片。
2. 锅中加油烧热，放入姜，炒香后放入北极虾、盐翻炒，炒至北极虾变色即可。

莲藕西红柿汤

[食材]
莲藕 100 克，绿叶蔬菜少许。

[调料]
番茄酱 2 勺，盐适量。

[做法]
1. 莲藕去皮，切片，用开水氽烫后捞出；绿叶蔬菜切小片。
2. 锅内倒入水，待水烧开后下入番茄酱、莲藕。
3. 待大火熬开后，加入绿叶蔬菜、盐即可。

功夫鱼

[食材]
鲤鱼 1 条，香菜少许。

[调料]
料酒、醋各 1 勺，酱油、糖各 1/2 勺，大料 2 克，朝天椒 20 克，葱 1 克，姜 4 克，蒜 8 克。

[做法]
1. 将鲤鱼洗净，在身上划几个口，用厨房专用纸巾把水吸干净，这样煎鱼时才不会迸水。
2. 平底锅预热，锅内无水后放油，在油里放 1 片姜，待姜煎成褐色就可以放鱼了，鱼入锅后盖盖子，调中火，5 分钟后翻面继续煎。
3. 煎鱼时调汁，料酒、醋、酱油、糖、大料、朝天椒、葱、姜、蒜放入碗中。
4. 高压锅预热，将煎好的鱼放入，倒入调好的汁儿，盖盖子，熟后撒上香菜即可。

木耳荷兰豆

[食材]
木耳 100 克，荷兰豆 200 克。

[调料]
盐适量。

[做法]
1. 木耳发开，洗净撕小朵。
2. 荷兰豆洗净，切片。
3. 锅内油热后，倒入木耳和荷兰豆翻炒均匀。
4. 最后放入盐调味即可。

西红柿冬瓜汤

[食材]
西红柿 100 克，冬瓜 50 克，鸡蛋 1 个。
[调料]
盐适量，酱油 1 勺。
[做法]
1. 西红柿去皮切丁，冬瓜去皮切片，鸡蛋加盐打散。
2. 锅内倒入水，待水烧开后，下入鸡蛋液，打成蛋花。
3. 再下入西红柿丁、冬瓜片、盐、酱油，将西红柿和冬瓜煮软即可。

炖牛肉

[食材]
牛肉 1000 克。
[调料]
大料 2 克，干辣椒 2 克，香菜 10 克，酱油、料酒、糖各 1 勺，黄酱 1/2 勺，葱、姜、盐各适量。
[做法]
1. 牛肉冲洗干净切成小块，焯水后捞出，葱姜洗净切成细丝，干辣椒擦干净剪成小段，香菜洗净切段，备用。
2. 热锅内倒入少量油，待油稍热后，放入葱姜丝、干辣椒段、大料 1 个，煸出香味，之后倒入焯过的牛肉块，加入酱油、糖、料酒、黄酱翻炒，翻炒至牛肉块上色，入味。
3. 将炒好的牛肉转入砂锅中，加入热水，没过牛肉即可。小火炖煮 1 小时，至牛肉软烂。
4. 之后加入盐和少量热水，继续炖煮 10 分钟后，撒少量香菜末即可。

萝卜焖排骨

[食材]
白萝卜 60 克，猪排骨 150 克。
[调料]
盐适量。
[做法]
1. 将猪排骨洗净，剁成小块，放入开水中煮 10 分钟。
2. 白萝卜洗净，去皮切成块。
3. 锅内倒入油，待油烧至八成热的时候，放入排骨翻炒。
4. 然后倒入开水，待水再次滚开后，用小火炖 40 分钟，最后放入盐、白萝卜炖 10 分钟即可。

玫瑰洋葱豆腐

[食材]
洋葱 30 克，内酯豆腐 200 克。
[调料]
玫瑰酱 3 勺。
[做法]
1. 将洋葱去皮，擦成泥。
2. 洋葱泥和玫瑰酱搅拌均匀。
3. 淋在豆腐上即可。

口蘑炒花菇

[食材]
口蘑、花菇各 150 克，红尖椒 30 克。
[调料]
姜末 3 克，水淀粉、生抽、麻油、酱油、糖、料酒各 1 勺，味精少许，高汤 1/4 碗。
[做法]
1. 口蘑、花菇分别去杂洗净，切成薄片待用，红尖椒洗净切段。
2. 锅内油烧热后，将红尖椒段放入炒几下后，下花菇片、口蘑片继续翻炒。
3. 加料酒、糖、酱油煸炒，炒至入味。
4. 加高汤烧沸，放味精，用水淀粉勾芡，淋上麻油即可。

木须肉

[食材]
猪瘦肉 150 克，鸡蛋 5 个，木耳 5 克，黄瓜 50 克。
[调料]
盐适量，酱油、料酒、香油各 1/4 勺，葱、姜各 10 克。
[做法]
1. 将猪瘦肉切成长丝；鸡蛋磕入碗中，用筷子打匀。
2. 木耳加开水泡 5 分钟，去掉根部，撕成块；黄瓜斜刀切成段，放平后直刀切成片，片形状即为菱形；葱、姜切成丝。
3. 炒锅上火，加油，烧热后加入鸡蛋炒散，使其成为不规则小块，盛装在盘中。
4. 炒锅上火，加油烧热，将肉丝放入煸炒，肉色变白后，加入葱、姜丝同炒，至八成熟时，加入料酒、酱油、盐，炒匀后加入木耳、黄瓜和鸡蛋块同炒，成熟后放入香油即可。

西红柿海带豆腐汤

[食材]
海带 20 克，豆腐 100 克。
[调料]
盐适量，番茄酱 2 勺。
[做法]
1. 海带切丝，豆腐切小块。
2. 锅内倒入水，待水烧开后下入番茄酱、海带丝、豆腐块。
3. 待豆腐煮熟后，加入盐即可。

冬瓜炖肉

[食材]
猪肉 200 克，冬瓜 1 块，香菜少许。
[调料]
盐适量，酱油、料酒各 1 小勺。
[做法]
1.猪肉洗净切块；冬瓜去皮和瓤洗净切块。
2.锅内倒入油，油热后下入猪肉翻炒，加入热水、酱油、料酒，用小火炖 30 分钟。
3.将冬瓜、盐放入，炖 3 分钟后，转成大火收汁，撒上香菜即可。

高汤萝卜丝珍珠贝

[食材]
白萝卜 1 块，胡萝卜少许，香菇 1 朵，小油菜 1 棵，珍珠贝肉 100 克。
[调料]
盐适量，鸡精、胡椒粉各少许，高汤 2 碗。
[做法]
1.白萝卜、香菇洗净切成丝；胡萝卜洗净切片；小油菜洗净掰开；珍珠贝肉洗净。
2.用开水将珍珠贝肉氽烫一下。
3.将高汤烧开，下入白萝卜、胡萝卜、香菇、小油菜、珍珠贝肉，加入盐、鸡精、胡椒粉，煮 3 分钟即可。

炖瘦肉丸

[食材]
西红柿、猪瘦肉馅各 50 克，绿叶蔬菜少许。
[调料]
盐适量，酱油 1/2 勺，香油 5 滴，胡椒 5 克，酱油 1/3 勺，姜少许。
[做法]
1. 西红柿去皮切成丁；绿叶蔬菜切小片，姜切成姜末。
2. 猪瘦肉馅加入姜、盐、胡椒、酱油搅拌均匀，握成小丸子。
3. 锅内倒入水，待水烧开后，放入握好的猪肉丸子，水再次开后，下入西红柿丁。
4. 煮至西红柿软烂的时候，下入绿叶蔬菜片、盐、酱油、香油即可。

肉煎三文鱼

[食材]
三文鱼 1 块，猪肉 50 克。
[调料]
盐适量，鸡精少许。
[做法]
1.三文鱼切块；猪肉洗净切末。
2.锅内倒入油，油热后下入三文鱼、猪肉煎炒。
3.最后加入盐、鸡精调味即可。

鸡丝白菜心

[食材]
鸡脯肉 50 克，白菜梗 200 克，鸡蛋 1/2 个，香菜叶、红椒丝少许。
[调料]
葱末、姜末各 3 克，淀粉 1/2 勺，盐适量。
[做法]
1. 先将鸡肉洗净，切成丝，用蛋清、盐、淀粉拌好。
2. 将白菜切成长段，再切成丝。
3. 锅内放入油，加入葱、姜，烧至微热后，再等油凉，然后将鸡丝放在锅内过油，用筷子拨散，不使其成团，盛出备用。
4. 锅内留底油，投入白菜丝，炒至八成熟时，加盐，并将鸡丝倒入，炒匀，撒上香菜叶、红椒丝即可。

香菇鸡肉饭

[食材]
三黄鸡100克，鲜香菇30克，芹菜叶50克，枸杞子少许。

[调料]
葱、姜各10克，酱油1/2勺，料酒、盐、胡椒粉各适量。

[做法]
1. 三黄鸡洗净拆解成小块，加入盐、料酒、酱油、胡椒粉抓匀，腌渍15分钟。
2. 鲜香菇切片；芹菜叶撕成小朵；葱姜切片备用。
3. 坐锅热油，下葱片、姜片煸出香味后放入鸡肉充分煸炒，水倒入炒锅中，大火烧开后转小火，同时加入香菇片、枸杞子翻炒均匀，加盐。
4. 小火焖25分钟后，放入芹菜叶，翻拌均匀，盖上盖再焖10分钟即可。

肉末打卤面

[食材]
鸡腿肉150克，鸡蛋2个，木耳20克，香菇25克，黄花菜15克，面条100克。

[调料]
酱油1勺，水淀粉1勺，糖少许，盐、葱花各适量。

[做法]
1. 鸡肉煮熟凉凉拆丝备用。
2. 木耳、黄花菜、香菇分别用冷水泡发洗净。木耳切成和鸡丝粗细一致的丝；香菇切成小丁；黄花切小段；鸡蛋用筷子打散成蛋液。
3. 锅中倒入油，加热到七成，倒入木耳丝、香菇丁、黄花菜一起炒出香味，之后倒入热水没过材料，加入盐、酱油和糖，盖上盖用中火煮10分钟。
4. 然后改成大火勾芡，待锅中的卤汁变得浓稠，撒上葱花，浇在煮好的面条上即可。

绣球薯圆

[食材]
红薯400克，火腿、冬菇、绿菜、熟鸡各15克，熟笋20克。

[调料]
油2勺，盐、味精、水淀粉各适量。

[做法]
1. 红薯去皮，用盐水浸泡片刻，上笼蒸熟后用刀面压抿成泥，加少许盐待制。
2. 火腿、冬菇、绿菜、熟鸡肉分别切成细丝，笋焯熟后切丝。
3. 将五丝拌匀后放盘内，薯泥里加上五丝，然后挤成球做出造型，放在盘里蒸5分钟取出。
4. 炒锅上火，放入油、盐和少许水，烧开后用水淀粉勾芡，浇在薯圆上即可。

香辣鸡块

[食材]
鸡 300 克，红尖椒 25 克，青尖椒 25 克，冬笋 15 克，鲜香菇 25 克。
[调料]
味精 3 克，葱 15 克，酱油 2 勺，姜 5 克，盐适量，料酒、香油各少许。
[做法]
1. 将鸡去掉头、爪、臀尖洗净，剁成 1 厘米宽、5 厘米长的条。
2. 青、红尖椒洗净，去蒂，切成宽 0.5 厘米长的条。
3. 冬笋洗净，切成柳叶片；冬菇洗净，撕成窄长条。
4. 将剁好的鸡加适量酱油抓匀，用九成热油炸至深红色，捞出沥油。
5. 锅内留底油烧热，用葱花、姜丝爆锅，加料酒、酱油、盐、清汤、鸡条、冬笋片、冬菇煨烧至九成熟时，加青、红尖椒炒熟，放味精、香油翻炒均匀即可。

麻酱腰花

[食材]
猪腰 180 克，香菜末、黄瓜片、樱桃少许。
[调料]
浓缩鸡汁 1 碗，盐适量，芝麻酱 1 勺，味精、糖、香油各 1/2 勺。
[做法]
1. 猪腰去膜、腰臊，改刀，烫至断生，冲凉。
2. 将猪腰与配料拌匀即可。

萝卜丝煮荷包蛋

[食材]
白萝卜 250 克，鸡蛋 2 个，香菜叶少许。
[调料]
高汤 1 碗，白胡椒粉 5 克，盐适量。
[做法]
1. 油锅烧热，磕入鸡蛋，两面略煎（不必煎得太熟）。
2. 加入高汤，煮沸后加入萝卜丝以及适量盐，再次煮沸。
3. 出锅前加少许白胡椒粉，拌匀，撒上香菜叶即可。

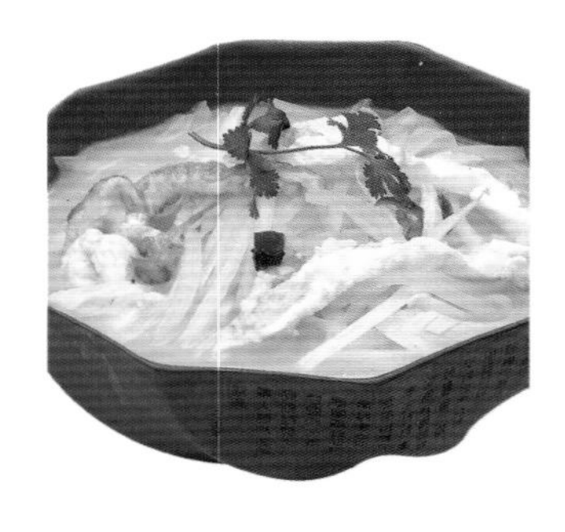

蜜汁烧肉

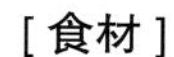

[食材]
猪里脊肉 200 克。
[调料]
叉烧酱 9 勺，葱 1 克，蜂蜜 5 勺。
[做法]
1. 先将里脊肉洗净，用厨房专用纸巾吸干水分，将里脊表面的白膜剔除干净，加入叉烧酱、葱段，一起腌渍两 小时，或者盖上保鲜膜，放入冰箱过夜更好，注意在腌渍过程中要翻面 2 ~ 3 次，以便入味均匀。
2. 腌好的叉烧肉提前取出，放在架子上让汁水沥干，然后用刷子将蜂蜜均匀地刷在叉烧肉上，再次让其自然晾干，需要 10 ~ 15 分钟。
3. 在烤盘底部垫上锡纸，然后将叉烧肉放入烤箱，用 180 摄氏度的火力烤 30 ~ 40 分钟，然后取出，将腌渍的汁水涂抹在肉的表面，再放入烤箱中，用 150 摄氏度的火力，继续烤 10 分钟，或者看到表面微微焦红上色即可。

年糕烧排骨

[食材]
排骨 500 克，年糕 200 克，小葱末适量。
[调料]
姜 4 片，酱油、生抽、糖、料酒各 1/2 勺，五香粉 20 克，大料 3 克，花椒 10 克，香叶 2 克，盐、橄榄油各适量。
[做法]
1. 排骨洗净斩成块，锅中水烧开后加入排骨、料酒煮沸捞起备用；锅中放入大料、花椒、姜、香叶炒香，再放入排骨，加入酱油使排骨均匀沾上颜色；加淹没肉的开水，放盐、生抽、料酒、糖、五香粉。
2. 大火煮 1 小时，随后转小火。
3. 待排骨软后加入年糕，中火煮软。
4. 装盘后撒上小葱末即可。

红烧排骨

[食材]
排骨 700 克。
[调料]
葱 1 克，姜、大料各 2 克，蒜 10 克，盐适量，鸡精、酱油、料酒、糖各 1 勺，醋 3 滴。
[做法]
1. 将排骨洗净，剁成小块，然后放入开水中煮 10 分钟，将排骨捞出，沥干水分。
2. 葱、姜、蒜洗净，蒜用刀身拍开。
3. 锅内倒入油，待油烧至五成热的时候倒入糖，将糖化开，然后倒入排骨、葱、姜、蒜翻炒。
4. 在锅中加入开水，倒入盐、鸡精、酱油、醋、料酒、大料，用小火炖 30 分钟，最后将火转成大火，熬干汤汁即可。

西红柿排骨玉米汤

[食材]

西红柿、排骨各 100 克，玉米 50 克。

[调料]

盐适量，胡椒 4 克，姜、香葱各 1 克。

[做法]

1. 西红柿去皮切丁；香葱切末；猪排骨斩小段，用开水氽烫后捞出。
2. 锅内加入水，待水烧开后，下入猪肋排、姜，滚煮后，用小火炖 30 分钟。
3. 然后加入西红柿丁、玉米、盐、胡椒。
4. 待玉米煮熟后，加入香葱末即可。

拌牛肉

[食材]

酱牛肉 250 克，青、红尖椒各适量，熟芝麻 1 撮。

[调料]

糖 1 小勺，醋 2 勺，香油 5 滴。

[做法]

1.酱牛肉切片；青、红尖椒洗净，切碎。
2.锅内倒入油，油热后加入青、红尖椒翻炒，炒软后凉凉，加入糖、醋、香油拌匀。
3.将青、红尖椒倒在牛肉上，撒上熟芝麻即可。

辣子鱼片

[食材]

草鱼 1 条，干辣椒 2 碗。

[调料]

盐适量。

[做法]

1.草鱼收拾干净，片下鱼肉；干辣椒切段。
2.锅内倒入油， 油热后倒入干辣椒炒香。
3.再在锅内倒入油，油热后下入鱼片爆熟，加入干辣椒、盐翻炒即可。

肉末小白菜

[食材]
猪肉末 150 克，小白菜 200 克，细粉丝 50 克，红椒末少许。
[调料]
豆瓣 10 克，盐适量，味精 1/4 勺，姜 2 克。
[做法]
1. 小白菜去根洗净，小叶片可整片，勿切；粉丝在温水中泡 1 小时，沥干备用。
2. 炒锅置火上，倒油，热至八成下肉末、豆瓣、红椒末、盐、姜末；炒两分钟后下小白菜炒匀。
3. 中火炒 3 分钟再放粉丝下锅；可加适量清水焖两分钟，放味精调味即可出锅。

五香卤水牛肉

[食材]
牛肉（肥瘦）500 克。
[调料]
酱油 150 克，大葱 7 克，姜 4 克，花椒 5 克，大料 2 克，桂皮 10 克，糖 1 勺。
[做法]
1. 将牛肉切成块，花椒和大料装入纱布袋中扎好口。
2. 将锅置于大火上，放入油烧热；然后葱切段、姜切片。
3. 把牛肉块炸成杏黄色，捞出控油；另取一锅置于大火上，放入清水，把包有花椒和大料的纱布袋及酱油、糖、桂皮、葱段和姜片倒入。
4. 烧沸后放入炸好的牛肉块，用菜盘将牛肉块压在锅底，改用小火炖至牛肉块酥烂，汤汁接近收干为止，切片后装盘即可。

醋熘红薯丝

[食材]
红薯 300 克，香葱末少许。
[调料]
盐适量，醋 1 勺。
[做法]
1. 红薯去皮，切细丝，放入凉水中洗一下，去掉表面淀粉。
2. 炒勺内放油，油热后放入红薯丝翻炒，放入醋继续翻炒，加盐调味，撒上香葱末即可。

西红柿炒卷心菜

[食材]
卷心菜 450 克 , 西红柿 300 克。
[调料]
盐 1.5 勺 , 葱 10 克。
[做法]
1. 卷心菜剥开叶片洗净，切大片；葱洗净，切成葱段；西红柿洗净去蒂，对半切开。
2. 锅中倒入油，烧热，把葱段爆香，加卷心菜和西红柿炒熟。
3. 最后放入盐，炒均匀即可。

红烧羊尾

[食材]
羊尾 500 克，白萝卜 50 克，青、红椒各 20 克。
[调料]
羊肉汤 3 碗，葱、姜各 1 克，花椒 2 勺，大料、桂皮各适量，酱油、盐各 1 勺，料酒 4 勺。
[做法]
1. 将羊尾洗净，漂净血水，切块，放入沸水中氽一下，捞出洗净，白萝卜、青、红椒洗净，切大块；葱、姜洗净分别切段、拍松。
2. 往锅里加羊肉汤，烧沸后加入羊尾、白萝卜、青、红椒、酱油、盐、料酒、大料、桂皮、姜段、葱段、花椒，烧至肉烂后盛出即可。

黑椒牛柳炒意粉

[食材]
牛柳 300 克，意粉 200 克。
[调料]
黄油 1 勺，洋葱 30 克，青、红尖椒各 5 克，黑胡椒粉 10 克，孜然粉 5 克，酱油 1 勺。
[做法]
1. 牛柳切条，加盐、味精、花椒粉、孜然粉、酱油拌匀，加一点油浸一会儿入味；将洗干净的青、红尖椒和洋葱切丝。
2. 锅加水烧开，加盐、油后再放意粉，煮至八成熟时捞出控干水分。
3. 烧热锅下黄油化开，放牛柳下锅煸炒，再放意粉，翻匀后加一些水，依次撒上适量的青尖椒、红尖椒、洋葱丝、黑胡椒粉，翻炒至水分干，装盘即可。

玉米糖饼

[食材]

玉米面 1 大碗，黄豆粉 1/2 小碗。

[调料]

糖 1/2 大碗，碱 1 小勺，肉酱、小葱各少许。

[做法]

1. 将玉米面、黄豆粉、糖、碱混放在盆内揉和均匀，之后搓成长条，再分成 80 个小剂。
2. 取小剂一个用两手搓成圆形，做成饼状，然后上笼，蒸熟即可。
3. 吃的时候，可以夹着自己喜欢的肉酱、小葱。

黑椒烧肉饼

[食材]

牛肉馅 200 克，芦笋少许。

[调料]

盐适量，黑胡椒 1 勺，酱油 1 勺，高汤 1/2 碗。

[做法]

1.牛肉馅加入盐、少许酱油搅拌上劲，做成肉饼状。
2. 将肉饼蒸熟，芦笋煮熟。
3.锅内倒入油，油热后，下入肉饼推炒，然后加入黑胡椒、酱油、高汤，大火收汁即可。

煎转平鱼

[食材]

平鱼 1 条，冬菇 25 克，木耳 15 克。

[调料]

酱油 6 大勺，盐、醋各适量，料酒 5 大勺，鸡精少许，葱 1 大段，姜 1 小块。

[做法]

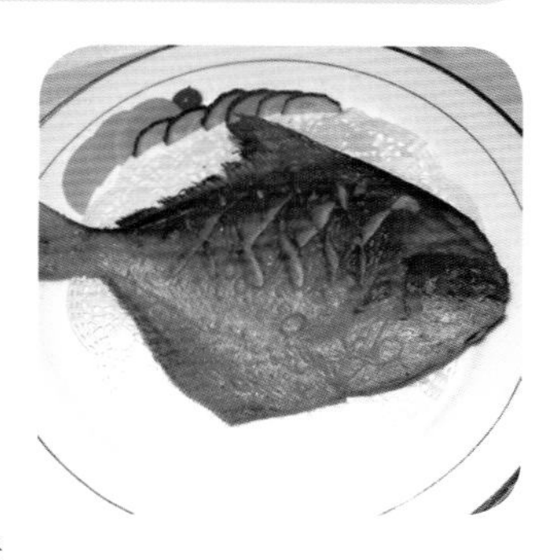

1. 平鱼肉洗净，用刀在鱼体两面剞上斜刀纹，装在盘内，用酱油抹匀，腌渍入味。
2. 冬菇、木耳洗净，均切成丝；将锅架在火上，放油烧热，将鱼平放入锅，用中小火煎至红色，捞出。
3. 原锅回到旺火上，烧热，下入葱丝、姜丝炝锅，出香味后加入冬菇丝、木耳丝，煸炒几下。
4. 然后把鱼放入，随即加入料酒、醋、盐和适量鲜汤，烧开，改用小火烧 10 分钟左右。放进鸡精推匀，见汁将尽，鱼肉成熟入味时，盛出装盘即可。

煎熬带鱼

[食材]
带鱼 1 条。
[调料]
高汤、猪油、盐各适量，八角 2 粒，酱油 9 大勺，糖、鸡精各 1 大勺，香油 15 滴，小麦面粉 3 大勺，醋 3 大勺，料酒 3 大勺，葱 1 小段，姜 1 小块，大蒜 2 瓣。
[做法]
1. 将鱼洗净。鱼两侧剞直刀纹，隔 3 厘米剞 1 刀，划破鱼皮即可，大的从中间断为两段。
2. 旺火坐油勺，入油，将鱼两面蘸上一层面粉，下入勺内，移中小火煎成两面金黄色出勺装入盘内。
3. 取炒勺旺火烧热，加入猪油，炸八角、葱、姜、蒜炝勺。
4. 加料酒、醋、酱油、高汤，加糖、鸡精、盐，下入鱼后烧沸。
5. 盖上盖，移微火熬至熟透，汁浓。移旺火收汁，淋香油出勺装盘即可。

馒头

[食材]
面粉 2000 克，酵母粉 5 克，食用碱面适量。
[调料]
盐适量。
[做法]
1. 面粉与 1 勺碱面混合均匀，酵母粉用适量温水冲开待用。将酵母粉水缓缓倒入面粉中，水不够时再添加适量温水，揉成软硬适中的面团后，盖上湿布饧发 1 小时左右。
2. 饧发好的面团，把饧好的面团取出，加入一小撮碱面揉匀后将其搓成长条状。
3. 将其均匀地分成几个剂子。之后把剂子一一揉圆。将笼屉均匀地涂抹上一层油。
4. 将揉好的面团一一放入笼屉中，盖上盖子再次饧发至两倍大；二次饧发好的馒头剂子。
5. 开火，大火上气后转中火 10 分钟关火，再焖 5 分钟即可。

柠檬苹果汁

[食材]
柠檬 50 克，苹果 200 克。
[调料]
糖 1/2 勺。
[做法]
1. 苹果洗净，去掉皮和核，切成小块放入榨汁机中。
2. 将柠檬洗净，去皮和子，放入榨汁机中。
3. 在榨汁机中倒入 3/4 杯的凉开水，榨汁即可。

玉米小饼

[食材]
玉米面 120 克，面粉 100 克，香菜叶末少许。
[调料]
糖 1/2 勺。
[做法]
1. 将玉米面、面粉、糖加入水，搅拌成黏稠状的面糊。
2. 不粘锅平底煎锅中倒入油，待油烧至八成热的时候，缓缓倒入面糊。
3. 用铲子将面糊表面刮平。
4. 在底下那面煎成金黄色后，将面饼翻到另一面也烙成金黄色，撒上香菜叶末即可。

日式杂煮

[食材]
冬笋、胡萝卜、鲜香菇各 50 克，芹菜叶少许。
[调料]
盐适量，鸡精、海鲜酱油各 1 勺。
[做法]
1. 将冬笋、胡萝卜、香菇切成块。
2. 锅内倒入少许油，待油烧至八成热的时候，放入冬笋、胡萝卜、香菇翻炒，加入开水。
3. 加入盐、鸡精、海鲜酱油，待汤汁收干，装饰上芹菜叶即可。

丸子粉条烩白菜

[食材]
白菜 500 克，粉丝 100 克，肉丸子 50 克。
[调料]
姜末、蒜末各 3 克，盐适量。
[做法]
1. 白菜洗净，长叶分两段。
2. 粉丝泡软，切成两段。
3. 锅内油热后，爆香姜末、蒜末，加入白菜翻炒至软。
4. 再加入粉丝和肉丸翻炒片刻，倒入水。
5. 至水差不多干时，加入调味即可。

豆角木耳拌核桃

[食材]
核桃仁 50 克，鲜百合 20 克，木耳 8 克，豆角 30 克，红椒 10 克。

[调料]
白芝麻 10 克，生抽、醋各 1 勺，糖 1/2 勺，香油少许，盐适量。

[做法]
1. 木耳提前用温水泡发，换水，洗净；各种蔬菜洗净；将木耳、豆角入沸水锅汆烫，捞出；豆角切段，红椒切块。
2. 将各种蔬菜及核桃仁放入盘子里，调入盐、生抽、醋、糖、香油、白芝麻拌匀即可。

鸡丝扒豆苗

[食材]
豌豆苗 600 克，鸡肉 150 克，蛋清 1/3 个。

[调料]
盐适量，鸡精 2/5 小勺，胡椒粉 1/5 小勺，料酒 2 小勺，姜汁 2 小勺，水淀粉 2 大勺，香油 5 滴。

[做法]
1. 鸡肉切细丝，豌豆苗切段；用盐、蛋清拌匀，加水淀粉抓匀。
2. 炒勺加油，加豆苗、姜汁、料酒、盐适量炒至七成熟，取出沥干水分，再将炒勺置火上加油，放豌豆苗，用清汤加胡椒粉；香油、水淀粉调匀后倒入锅中勾芡，翻炒后装盘。
3. 炒勺置旺火加油，烧至五成熟时，放入鸡丝划散，捞出沥油。炒勺留底油，加姜与清汤、盐、鸡精、香油、胡椒粉、鸡丝，烧开后用水淀粉勾芡，淋少许熟油，铺于豌豆苗盘中即可。

红酒炖牛肉

[食材]
A：牛肉 250 克，洋葱 30 克，土豆 60 克，蘑菇 50 克；B：番茄沙司 1 小勺，红酒 25 克，高汤 1 碗，青、黄椒各适量。

[调料]
橄榄油 35 克，黑胡椒 10 克，盐适量。

[做法]
1. 牛肉洗干净，切丁，放在水里放点淀粉泡出血水，沥干水分；洋葱去膜切大丁；土豆洗干净去皮，切大丁；蘑菇洗干净，对半切开，青、黄椒切块。
2. 锅中加入橄榄油 1 大勺烧热，将所有材料 A 放入，中火炒香后，放番茄沙司，拌炒两分钟，倒入红酒，煮干后加高汤（或开水），煮开。
3. 加入青、黄椒，移入砂锅炖 3 ~ 4 小时；吃前加盐、胡椒粉调味即可。

烤乳猪

[食材]

乳猪 1 只，樱桃 2 颗。

[调料]

盐、白酒、酱油、鸡精各适量，椒盐 1 碟。

[做法]

1.将乳猪收拾干净，表面拍上盐、白酒、酱油、鸡精，腌渍半天。

2.将乳猪入烤箱，烤至皮酥肉烂，取出，装饰上洗净的樱桃做眼睛。

3. 吃的时候蘸椒盐即可。

糖醋里脊

[食材]

猪里脊 200 克，葱 1 根，蛋黄 1 个，淀粉 1 小勺。

[调料]

酱油 1 勺，番茄酱 2 大勺，白醋、糖各 1 大勺，盐适量。

[做法]

1.猪里脊洗净，切条，放入碗中加入酱油、盐、淀粉及蛋黄腌拌 10 分钟；葱洗净，切丝。

2.锅中倒入油烧热，放入里脊炒至七成熟盛起。

3.锅中余油继续烧热，加入番茄酱、白醋、糖翻炒，再加入炒过的里脊肉炒至入味，盛出后摆上葱丝即可。

葱烧鲫鱼

[食材]

鲫鱼 1 条，小葱末 30 克，红椒 10 克。

[调料]

鸡精 1/ 2 小勺，糖 1/ 2 小勺，料酒少许，盐、酱油、葱油、水淀粉各适量。

[做法]

1. 鲫鱼去鳞、除内脏，改一字刀纹，抹少许酱油腌 10 分钟，红椒切块。

2. 锅内放入油烧热，放入鲫鱼炸成金黄色，捞出沥去油。

3. 锅中入油，加入鱼，加入红椒、盐、鸡精、糖、料酒、酱油烧制 7 分钟，然后用水淀粉勾芡，淋葱油，撒上小葱末，出锅装盘即可。

干烧鲤鱼

[食材]
鲤鱼 1 条，洋葱、冬菇、冬笋、干红辣椒、青椒各 25 克，猪肉丁 50 克。

[调料]
红辣椒油 5 小勺，辣豆瓣酱 2 大勺，糖 3 大勺，黄酒、酱油、醋、盐各适量，鸡精 1 勺，葱、姜、蒜末各少许。

[做法]
1. 鲤鱼洗净，在鱼身两侧剞“兰草花刀”，抹少许黄酒，酱油腌渍入味，下入八成热油中，炸至表皮稍硬，捞出。
2. 洋葱、冬菇、冬笋、干红辣椒、青椒分别切小丁备用。
3. 炒锅上火烧热，加底油，下入猪肉丁煸炒至变色，加入葱、姜、蒜、洋葱、干红辣椒爆香，烹黄酒、醋，下入辣豆瓣酱、冬菇、冬笋继续煸炒，加糖、盐，添汤烧开，放入炸好的鲤鱼，转小火烧至熟透。
4. 见汤汁稠浓时，加入鸡精、青椒丁移回旺火收汁，淋入红辣椒油，出锅，将鲤鱼装盘即可。

山药面条

[食材]
山药粉 1 小碗，面粉 2 小碗，鸡蛋 1 个，淀粉 1 勺，小油菜 1 棵。

[调料]
盐、鸡精适量，葱、姜各适量。

[做法]
1. 将山药粉、面粉、淀粉、鸡蛋、清水、盐适量放入盆内，揉成面团，制成面条。
2. 锅内放清水适量，大火烧沸后放面条、葱、姜，煮熟后再放鸡精，放入洗净的小油菜焖一会儿即可。

菜花烧肉

[食材]
菜花 1/2 朵，猪肉 50 克，红尖椒 2 颗。

[调料]
鸡精少许，高汤、盐各适量，酱油 1/3 勺。

[做法]
1.菜花洗净，用开水汆烫后捞出；猪肉洗净，用盐、鸡精、酱油腌渍 10 分钟；红尖椒洗净，切段。
2.锅内倒入油，油热后下入猪肉翻炒至变色，再加入菜花翻炒，加入高汤。
3. 最后大火收汁即可。

黑椒鸭胗

[食材]

鸭胗 200 克，栗子 100 克，芦笋 3 根。

[调料]

盐适量，鸡精 1 勺，酱油 1/2 勺，黑胡椒粉 1 勺。

[做法]

1.鸭胗洗净，开水氽烫熟；栗子煮熟剥掉壳；芦笋洗净，切成段。

2.锅内倒入油，油热后下入鸭胗、栗子、芦笋翻炒。

3.加入盐、鸡精、酱油、黑胡椒粉调味即可。

小烧牛肉

[食材]

牛肉 250 克，蛋清 1 个，小葱末少许。

[调料]

醋 2 小勺，鸡精 1/3 小勺，糖 4 小勺，酱油 1/2 大勺，盐适量，料酒 1/2 大勺，水淀粉适量，葱花、姜末、蒜泥各适量。

[做法]

1. 将牛肉切成块，放入碗中，加蛋清、水淀粉、盐、少量水等搅拌匀。

2. 锅中放油，油热后下入姜、蒜泥入锅炒香，再将牛肉加入，炒 10 多秒钟。

3. 把用糖、料酒、醋、水淀粉、葱花、酱油、鸡精等调成的兑汁芡倒入锅中，翻炒牛肉熟透，撒上葱花，淋明油，出锅装盘，撒上小葱末即可。

小炒猪心

[食材]

猪心 250 克，芹菜 150 克。

[调料]

辣椒 20 克，姜 2 克，蒜 8 克，葱 1 克，料酒 1/2 勺，胡椒粉 10 克，鸡粉 5 克，生抽 1/4 勺。

[做法]

1. 猪心切去头上的血管，洗净淤血，切成薄片，放入适量的料酒、胡椒粉、鸡粉拌匀腌渍 20 分钟。

2. 芹菜择去叶子，切去根须，洗净后，切成约 3 厘米长的段；大蒜拍松后，去皮切粒，姜切丝，葱切花。

3. 热锅放油，下入腌渍好的猪心，大火爆炒至猪心变色后，再继续翻炒两分钟左右。

4. 放入姜蒜与适量辣椒，炒匀，然后再放入芹菜，翻炒两分钟左右，最后加入适量的盐炒匀，再放入葱花与生抽炒匀即可。

洋葱炒羊肉

[食材]
羊肉片 250 克，洋葱 1/2 颗，香菜 1 棵，红椒少许。

[调料]
盐适量，酱油 1/2 勺，鸡精 1 勺，孜然 2 勺。
[做法]
1.洋葱洗净，切块；香菜洗净，切段，红椒切小块。
2.锅内倒入油，油热后下入羊肉翻炒，然后盛出。
3.再用少许油将洋葱炒香，加入羊肉、红椒、盐、酱油、鸡精、孜然翻炒。
4. 最后撒上香菜即可。

西芹里脊肉

[食材]
芹菜 250 克，里脊肉 150 克，青、红椒各 20 克。
[调料]
生抽 2 勺，盐、蒜、水淀粉各适量。
[做法]
1 猪里脊肉切细丝，加料酒、生抽、水淀粉腌渍十几分钟。
2 芹菜清洗干净，择去根部和叶子，切成寸段，蒜切薄片，青、红椒切丝。
3 锅中油热后，放入里脊肉丝翻炒变色，盛出备用。
4 锅中底油放入蒜、芹菜和青、红椒，翻炒两分钟，放入肉丝翻炒均匀，加盐调味，加水淀粉勾芡出锅即可。

鳗鱼干炒芹菜

[食材]
芹菜 500 克，鳗鱼干 1 条。

[调料]
姜末 5 克，盐适量，料酒 1/2 勺。
[做法]
1. 将芹菜洗净，切段。
2. 鳗鱼干泡软，洗净，切粗丝。
3. 锅内油热后，倒入姜末爆香，然后将鳗鱼干放入油中炒到肉泛白，再倒入少许料酒翻炒片刻。
4. 再加入芹菜、盐翻炒均匀即可。

香芹滑子菇

[食材]

香芹 100 克，滑子菇 200 克，红椒少许。

[调料]

水淀粉 1 勺，盐适量。

[做法]

1. 香芹洗净切断，入沸水中焯好捞出待用。滑子菇洗净，入沸水中焯 1 ~ 2 分钟后捞出待用，红椒切小块。
2. 热锅下油，放入香芹、红椒翻炒一会然后放入滑子菇，继续翻炒一下。
3. 接着倒入一点点泡滑子菇的水，加盐微微烧煮一会。
4. 等到汁水烧干后淋入水淀粉勾芡即可。

黄豆玉米饼

[食材]

玉米面 1 小碗，黄豆粉 1/2 小碗。

[调料]

无

[做法]

1. 将细玉米面、黄豆粉放入盆中揉和均匀，使面团柔韧有劲。
2. 面团揉匀后揪面剂，然后做成饼状。
3. 将窝头上端揪成尖形，上屉用大火蒸 20 分钟即可。

蒸鳕鱼

[食材]

鳕鱼 1 块。

[调料]

料酒 1 小勺，盐适量，酱油 2 勺。

[做法]

1.鳕鱼收拾干净，上笼蒸 10 分钟。

2.将料酒、盐、酱油搅拌均匀，淋在鳕鱼上即可。

菠菜拌粉丝

[食材]
菠菜 200 克，粉丝 50 克。
[调料]
酱油、醋、香油各 1 勺，盐适量。
[做法]
1. 菠菜洗净，氽烫后捞出，过凉水挤去水分。
2. 将粉丝用开水泡胀发透，入凉水过凉，切成约 15 厘米的段。
3. 然后将菠菜、粉丝装盘中，倒入酱油、醋、盐、香油搅拌均匀即可。

鲜烩芦笋

[食材]
鸡架 250 克，芦笋 200 克，火腿 30 克。
[调料]
盐适量。
[做法]
1. 鸡架洗净，用水煮开后，放入两片火腿转成小火熬煮。一边煮一边撇去浮沫。
2. 芦笋洗净，用开水氽烫，捞出沥干水分，把剩下 1 片火腿切成丝。
3. 锅内倒入油，待油烧至八成热的时候，放入芦笋翻炒。
4. 加入熬好的高汤、火腿丝，煮 5 分钟即可。

腊肉炒蒜苗

[食材]
腊肉 1 块，蒜苗 1 棵，红尖椒适量。
[调料]
酱油 1/2 勺。
[做法]
1.腊肉洗净蒸熟，切成片；蒜苗、红尖椒洗净，切段。
2.锅内倒入油，油热后下入腊肉、蒜苗、红尖椒翻炒。
3. 最后加入酱油即可。

清炒回锅肉

[食材]
五花肉 500 克，蒜苗 100 克。
[调料]
葱 2 克，姜 1 克，盐适量，酱油、鸡精各 1 勺。
[做法]
1. 将葱、姜、五花肉洗净，在开水中煮 30 分钟，捞出沥干水分，凉凉后切成片。
2. 蒜苗洗净，切成段。
3. 锅内倒入油，待油烧至八成热的时候，放入肉片翻炒，炒至肥肉基本变成透明。
4. 放入蒜苗，加入盐、酱油、鸡精翻炒即可。

卤猪蹄汤

[食材]
卤猪蹄 200 克，香葱 1 段。
[调料]
盐适量。
[做法]
1.猪蹄剁块。香葱洗净切末。
2.锅内水开后，倒入猪蹄，用小火炖 30 分钟。
3.最后加入盐、香葱末即可。

黄瓜鸡蛋汤

[食材]
黄瓜 1 段，鸡蛋 1 个，番茄 1/2 个，香菜末少许。
[调料]
盐、鸡精适量，香油 5 滴。
[做法]
1. 将鸡蛋打入碗中，放入盐搅拌均匀。
2. 黄瓜、番茄洗净，切片。
3. 锅内水烧开后，下入鸡蛋打成蛋花，加入黄瓜、番茄、盐、鸡精。
4. 水再次开后，关火，淋入香油，撒上香菜末即可。

银耳汤

[食材]
银耳 1 朵，红枣 2 颗。
[调料]
无
[做法]
1.银耳泡发，去掉根蒂；红枣洗净。
2. 银耳、水放入蒸盅。
3. 水蒸 30 分钟即可。

红豆大米饭

[食材]
红豆、大米各 1/2 碗，黑芝麻少许。
[调料]
无
[做法]
如常法将红豆、大米蒸成米饭，撒上黑芝麻即可。

鱼丸莼菜汤

[食材]
莼菜 100 克，鱼肉 250 克。
[调料]
盐适量，黄酒 2 勺。
[做法]
1.莼菜洗净；鱼肉去刺剁成茸，然后加入盐、黄酒，搅拌均匀后挤成丸子。
2. 锅内水开后下入鱼丸。
3.待鱼丸漂起来后，加入盐、莼菜，煮开即可。

小炒羊杂

[食材]

羊杂 250 克，青、红尖椒各 10 克。

[调料]

葱 2 克，姜 1 克，盐适量，鸡精、料酒、酱油各 1 勺。

[做法]

1. 将羊杂洗净，切成小块，放入沸水中煮 20 分钟。
2. 青、红尖椒洗净，去子切成丝，将葱、姜洗净，切成丝。
3. 锅内倒入油，待油烧至八成热的时候，倒入羊杂、尖椒、姜翻炒。
4. 加入料酒翻炒后，加入盐、鸡精、酱油、葱翻炒即可。

酱油蒸紫皮茄子

[食材]

紫皮茄子 300 克。

[调料]

蒜 6 克，盐适量，糖、酱油、鸡精各 1 勺。

[做法]

1. 将蒜洗净，切成末。
2. 把茄子洗净，切成条。
3. 把酱油、盐、糖、鸡精均匀搅拌在一起。
4. 把蒜末放在茄子上，调好的酱汁倒在茄子上，蒸 8 分钟即可。

盐水肚片

[食材]

牛肚 250 克，黄瓜、红椒丝各少许。

[调料]

盐适量。

[做法]

1. 把牛肚收拾干净，切片。
2.放入沸水中汆烫一下马上捞出，撒上盐调味，撒上黄瓜、红椒丝即可。

蔬菜鸡肉丸

[食材]

香芹 1 棵，鸡脯肉 200 克，南瓜 1 块。

[调料]

盐适量。

[做法]

1. 鸡脯肉剁碎；加盐，顺时针方向充分搅拌，用手挤出小丸子。
2. 香芹去叶，切丝，南瓜去皮核瓤，切块。
3. 将鸡肉丸和南瓜煮熟后捞出。
4. 锅内倒入油，待油烧热后，下入鸡肉丸、南瓜、香芹翻炒，加入盐调味即可。

南瓜蒸排骨

[食材]

小南瓜 500 克，猪排骨 200 克，青、红尖椒各 10 克。

[调料]

葱 1 克，姜 3 克，蒜 6 克，盐适量，鸡精、料酒各 1 勺。

[做法]

1. 将排骨洗净，切成小块，放入开水中煮 20 分钟，捞出后沥干水分。
2. 青、红尖椒洗净，去掉子，切成块，把葱、姜、蒜洗净，切成片，小南瓜洗净，从一端切开，挖去内瓤。
3. 锅内倒入油，待油烧至八成热的时候，倒入排骨、葱、姜、蒜翻炒，加入盐、鸡精、料酒，少许开水。
4. 然后将排骨连汤盛入南瓜中，加入青、红尖椒，将南瓜切下的部分扣上，蒸 30 分钟即可。

酸辣海参汤

[食材]

海参 1/2 个，冬笋、豆腐适量，大葱 1 段，小油菜 1 棵。

[调料]

盐、鸡精适量，白醋、姜汁、料酒各 2 勺，香油 1 勺。

[做法]

1. 海参、豆腐洗干净，切成小丁；冬笋洗净切丝；小油菜洗净。
2. 汤锅放在火上，倒入高汤烧开。
3. 把海参、小油菜、冬笋放入汤中焯一下捞出。
4. 原汤放在火上，先加入白醋、姜汁、料酒、盐、鸡精，调好味。
5. 再放入海参、小油菜、豆腐、冬笋，烧开后，撇去浮沫。
6. 盛入装有葱丝、香油的汤碗中即可。

粉条酸汤

[食材]

细粉条 1 把，高汤 1 碗。

[调料]

盐适量，醋 1 勺。

[做法]

1. 粉条泡软。
2. 高汤加入水，煮开后下入粉条。
3. 待粉条煮熟后，加入盐、醋调味即可。

桂圆鹌鹑蛋汤

[食材]

鹌鹑蛋 5 个，桂圆 2 颗，枸杞子少许。

[调料]

无

[做法]

1. 鹌鹑蛋煮熟，剥掉蛋壳。
2. 将桂圆肉、鹌鹑蛋、枸杞子、水放入炖盅中，隔水炖 20 分钟即可。

鸡蛋菠菜炒粉丝

[食材]

菠菜 250 克，粉丝 100 克，鸡蛋 2 个。

[调料]

盐适量，味精 1/4 勺。

[做法]

1. 菠菜放入沸水中焯烫一下，捞出备用。
2. 鸡蛋打散，锅中油热后，倒入蛋液炒到凝固，盛出备用。
3. 锅中放油，油热后放入菠菜翻炒均匀；然后放入泡软的粉丝翻炒均匀。
4. 放入鸡蛋翻炒均匀，加盐、味精即可。

螺肉汤

[食材]

白螺肉 100 克，芦笋 2 棵，高汤 2 碗，胡萝卜丝少许。

[调料]

盐适量。

[做法]

1. 白螺肉洗净；芦笋洗净，切段。

2. 高汤煮开后，加入盐、白螺肉、芦笋，再次煮开，撒上胡萝卜丝即可。

小炒木耳

[食材]

木耳 250 克，小葱 50 克，红椒 50 克。

[调料]

盐适量，鸡精 1 勺。

[做法]

1. 将木耳洗净，用水泡开，去掉根蒂，撕成小朵。

2. 把小葱洗净，切段；把红椒洗净，去子切成片。

3. 锅内倒入油，待油烧至八成热的时候，放入木耳、小葱、红椒翻炒。

4. 最后加入盐、鸡精调味即可。

豆豉拌木耳

[食材]

木耳 30 克。

[调料]

葱 10 克，盐适量，豆豉、蒜各 5 克，糖 1 勺，鸡精、醋各 1/2 勺。

[做法]

1. 木耳放温水里充分泡发，然后清洗干净，放入开水焯熟。过凉水，淋干水分。

2. 葱切成丝，放入木耳中。

3. 放入盐、豆豉、蒜、糖、鸡精、醋一起搅拌均匀即可。

土鸡炖豆腐

[食材]
土鸡 500 克，豆腐 200 克，胡萝丁少许。
[调料]
葱、姜、蒜各 5 克，料酒 1 勺，糖、酱油各 1/2 勺，盐适量。
[做法]
1. 先将土鸡放在清水中浸泡去除血水，另起锅将泡好的鸡肉煮一下。
2. 锅内放少量油，放糖炒出糖色，然后放鸡肉。
3. 等肉均匀地上色后，加葱花和豆腐略炒。
4. 放盐、酱油、料酒，再放适量清水、姜、蒜炖至鸡肉熟，撒上胡萝丁即可。

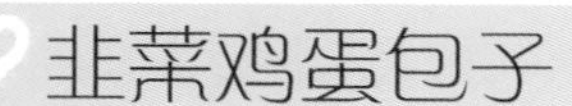

韭菜鸡蛋包子

[食材]
包子皮 20 张，韭菜 80 克，鸡蛋 2 个。
[调料]
酵母 5 克，花椒、鸡精、香油、盐各适量。
[做法]
1. 韭菜用水冲洗干净，切碎；鸡蛋打散，炒熟，切碎备用。
2. 锅中加入适量油爆香花椒，捞出炸过的花椒放置片刻。待油稍许凉后，放入韭菜碎拌匀，加入鸡蛋碎后，调入适量盐、少许鸡精和香油拌匀。
3. 将馅放到包子皮中央，掐其边捏一个褶，不要松手，向旁边发展，再捏一个褶一点一点直到将面饼全部捏上褶，在包子的上面封口。
4. 包好的包子放置 10 分钟左右，让其再次发酵后，入锅蒸。蒸锅水开后，蒸 15 分钟左右就可以了，关火后不要马上打开，再焖 5 分钟即可。

珍珠丸子

[食材]
前腿夹心肉 300 克，糯米 150 克，青芦叶 50 克，鸡蛋 2 个，虾子、淀粉各适量。
[调料]
料酒 1 勺，盐适量，味精 1/2 勺。
[做法]
1. 把糯米洗净，放入水中浸泡 1 两小时，沥干备用，鸡蛋打入碗内，滤去蛋清。
2. 将青芦叶放入开水中焯一下，洗净，铺在小蒸笼内。
3. 将猪肉洗净，剁成茸，放入碗内，加料酒、盐、味精、蛋黄、虾子、淀粉搅拌均匀成馅，然后把肉馅挤成核桃大小的丸子，每个丸子上滚上一层糯米，然后放在蒸笼内。
4. 把蒸笼放在沸水锅上，大火蒸 20 分钟即可。

酱油牛肉面

[食材]
面条 1 碗，牛肉 50 克，辣椒适量。
[调料]
盐适量，酱油 1 勺，料酒 2 勺，花椒 1 小撮，葱 1 段。
[做法]
1. 牛肉洗净，切成片，用酱油、盐、花椒、料酒浸泡约 1 小时，放入锅中煮沸后，改小火炖熟待用。
2. 将葱洗净，切成葱花。辣椒洗净，切成圈。
3. 将面条下锅中煮熟，撒上葱花、辣椒，浇上牛肉汤、盖上牛肉即可。

杏仁牛肉

[食材]
牛肉 250 克，熟杏仁片适量。
[调料]
盐、鸡精适量，酱油 1/2 勺。
[做法]
1.牛肉洗净，切成丝，用盐、鸡精、酱油腌渍 10 分钟。
2.锅内倒入油，油热后，下入牛肉翻炒，牛肉熟后出锅。
3. 然后撒上杏仁片即可。

鸡茸空心菜

[食材]
空心菜 1 把，鸡肉 100 克。
[调料]
盐、鸡精、料酒、淀粉适量，黄酒 5 勺，胡椒粉 1 勺，大葱 1 段，干辣椒 5 克。
[做法]
1. 空心菜择去黄叶，老茎洗净；木耳用水发好洗净；鸡脯肉洗净剁成茸；鸡精粉放汤盆内，冲滚水调成鲜汤待用。
2. 锅置大火上，倒进少量花生油烧热后，倒入清水烧滚。
3. 空心菜放入焯至熟即捞起沥干待用。
4. 锅置大火上，倒油，烧热后，爆香干辣椒，倒入料酒，注入鲜汤，下盐、鸡精调味，撒上胡椒粉，用淀粉打芡。
5. 滚沸后即移离火位，将鸡茸徐徐放入搅匀，再加入进焯好的空心菜，倒进熟油和匀，装盆即可。

番茄水煮鱼

[食材]
草鱼1条，番茄150克，干辣椒20克，蛋清1个，香葱末少许。
[调料]
蒜10克，姜、麻椒各3克，小葱1克，太白粉3勺，盐适量，白胡椒10克，番茄酱3勺。
[做法]
1. 将草鱼去掉内脏、鳞，切成片，把小葱切成葱花；然后将草鱼片和盐、胡椒粉、蛋清、太白粉拌匀，腌渍5分钟。
2. 西红柿洗净，开水烫后去掉皮，切成块。锅里倒入油，待油烧至七成热，将鱼片快速爆熟盛起；爆过鱼的油锅直接加入水、番茄，番茄煮沸，加入盐。
3. 将汤盛出，放入爆熟的鱼片，撒上葱花。
4. 将麻椒洗净晾干，把姜、蒜洗净，切成末，用九成热的油炸，倒入鱼片上，撒上香葱末即可。

豆蔻茯苓馒头

[食材]
白豆蔻5颗，茯苓10块，面粉2碗，发酵粉3勺，青、红果碎肉10克。
[调料]
无
[做法]
1. 把豆蔻去核，烘干打成细粉。茯苓烘干，也打成细粉。
2. 把面粉、豆蔻粉、茯苓粉、发酵粉和匀，加入适量水和青、红果碎肉揉成面团，用湿洁布盖好，放在稍暖处，使其发酵几小时。
3. 待面粉发酵好后，如常规制成20克1个的馒头，上笼蒸20分钟即可。

牛肉比萨饼

[食材]
牛肉末50克，面包1块，红辣椒、青辣椒各3个。
[调料]
起司、盐、胡椒粉适量。
[做法]
1. 红、青辣椒切丝。
2. 面包切成1厘米厚的圆片，送入烤箱烤脆。
3. 不粘锅置火上，倒入橄榄油，待油温烧至七成热，放入牛肉末、红椒丝和青椒丝炒香，用盐和胡椒粉调味，盛出，放在烤好的面包片上。
4. 在每个面包片上放上起司，再次送入烤箱，烤至金黄色到起司溶化即可。

芹菜馅饺子

[食材]
芹菜 1 把，瘦猪肉 500 克，面粉 2 碗。
[调料]
盐适量，酱油、香油适量，大葱 1 段，姜 1 小块。
[做法]
1. 将芹菜去根，洗净，剁成碎末。
2. 肉洗净，剁成泥，加上熟豆油、盐、葱末、姜末、酱油、香油拌成饺子馅。
3. 将面粉用温水和匀，放置 20 分钟后，撕成适量的剂，用擀面棍压成面皮包成饺子。
4. 在锅内加水适量，烧开后，下入饺子煮熟即可。

牛奶大米饭

[食材]
大米 1/2 碗，牛奶 2 碗。
[调料]
无
[做法]
1. 将牛奶、两碗水与大米同时放在锅内，用中火焖煮至开。
2. 用小火再进行焖煮 30 分钟，米熟即可。

芋头排骨汤

[食材]
猪小排 300 克，芋头 200 克，小枣（干）10 克，小葱末少许。
[调料]
大葱 30 克，姜 3 克，黄酒 1 勺，盐适量。
[做法]
1. 将猪肋排洗净，斩成寸段，焯水捞出，洗去血沫沥干；把芋头洗净去皮，用挖球器挖成球状。
2. 小枣洗净待用；把葱、姜洗净，分别切段、片备用。
3. 锅内下入油烧至六成热后，放入芋头球，翻炒至发黄后出锅。
4. 另起锅，放入清汤大火烧开，放入排骨、葱段、姜片、黄酒，开锅后小火焖煮两小时；接着放入芋头和小枣，再小火焖煮 1 小时，放入盐，煮 1 分钟后，撒上小葱末即可。

凉拌花椒芽

[食材]

花椒芽 200 克，红椒 50 克。

[调料]

盐、香油各适量，醋 1 勺。

[做法]

1. 花椒芽洗净，在沸水里快速烫一下过凉水，捞起控干水分。
2. 红椒切细丝。
3. 花椒芽加盐、醋、红椒丝、香油拌匀即可。

牛肉盒子

[食材]

牛肉馅 500 克，面粉 300 克，鸡蛋 1 个，木耳末 100 克，香油 1/2 勺。

[调料]

酱油 1/2 勺，葱花 3 克，胡椒粉 10 克，蒜末、盐各适量。

[做法]

1. 将牛肉馅加入酱油、蒜末、葱花、鸡蛋、木耳末、胡椒粉、香油、盐，用筷子朝一个方向搅拌至起胶有黏性，备用。
2. 面粉中加入适量的水揉至光滑的面团，饧面 30 分钟，后将面团搓成长条，并用刀切成大小相等的数个小团，用擀面杖擀成中间厚两边薄的面皮。
3. 把适量调好味的木耳牛肉馅放在一块面皮的中间，摊开，然后再盖上一块面皮，并封好口。
4. 锅中放入少量油，把盒子放入，煎成熟即可。

青豆拌油菜

[食材]

青豆、小油菜各 200 克。

[调料]

红尖椒 10 克，醋 1 勺，香油少许，盐适量。

[做法]

1. 将小油菜择去根，洗净，切成小段；红尖椒切成圈。
2. 锅中置清水，烧沸，放入青豆汆烫，捞出；小油菜用开水略汆烫，控去水分，待用。
3. 将青豆、小油菜、红尖椒放入盘子中，淋入醋、香油，加入盐搅拌均匀即成。

牛肉卤水米线

[食材]
米线适量，牛腱肉 200 克，卤水 5 碗。
[调料]
姜 15 克，花椒、蒜末各 5 克，香葱末 10 克，红油适量，酱油 1 勺，盐、味精各适量。
[做法]
1. 将牛腱表面的筋膜剔去，放沸水氽一下去血沫，然后放卤水锅中加盖卤约 1 小时至软烂，取出凉凉后切成薄片。
2. 锅内油烧至五成热，依次下花椒、辣椒、姜、蒜、香葱末炒出香味，加入水、半杯卤水、酱油、红油、适量盐，用大火烧沸后改中火熬几分钟。
3. 将泡软的米线放入锅中煮约 1 分钟。
4. 放味精拌匀后盛入大碗内，铺上牛肉片，撒上葱碎即可上桌。

焖小黄鱼

[食材]
小黄鱼 500 克，猪腿肉 75 克，竹笋 50 克。
[调料]
葱末、姜末、蒜末各 5 克，料酒 3 勺，酱油 1 勺，糖、味精各少许。
[做法]
1. 小黄鱼清洗干净，用酱油浸渍使其入味。猪肉、竹笋均切片。
2. 锅内油烧至七成热，投入黄鱼煎至两面呈金黄色，捞出。
3. 锅内留底油，投入葱、蒜、姜末煸出香味，再放入猪肉、竹笋煸炒。
4. 然后放入黄鱼，加料酒、酱油、糖、味精略烧一下，再加鲜汤，烧开后改用小火烧煮 15 分钟。
5. 再用大火稠干卤汁，放凉即可。

牛奶苹果汁

[食材]
苹果 250 克，牛奶半杯。
[调料]
无
[做法]
1. 将苹果洗净，去掉皮和核，然后切成块。
2. 牛奶用微波炉加热到 80 摄氏度。
3. 在榨汁机中倒入牛奶，把苹果块放入榨成汁即可。

牛肉咖喱盖饭

[食材]

牛肉750克，胡萝卜100克，鸡蛋1个，高汤半碗，牛奶1勺。

[调料]

蒜2克，鸡精、咖喱粉各1勺，太白粉、食用小苏打、糖各1/2勺，白胡椒少许，盐适量。

[做法]

1. 牛肉洗净，在开水中煮20分钟，捞出后切成块；然后牛肉用鸡蛋、盐、鸡精、白胡椒、太白粉、食用小苏打搅拌均匀，腌渍1小时。接着把胡萝卜洗净，去皮切成块，把蒜洗净，切成片。
2. 锅内倒入油，待油烧至八成热，倒入牛肉翻炒后捞出。锅内再倒入油，待油烧至八成热，倒入胡萝卜、蒜翻炒，然后倒入高汤。
3. 待汤煮沸后，加入牛肉、盐、鸡精、糖、咖喱粉翻炒。
4. 最后将太白粉勾芡，放入锅中，加入牛奶，收干汤汁，浇在米饭上即可。

当归红糖煮鸡蛋

[食材]

当归2克，鸡蛋2个，枸杞子4克。

[调料]

红糖3勺。

[做法]

1. 将鸡蛋洗净。
2. 把鸡蛋、红糖、当归一起放入砂锅中，倒入足量的水，用大火煮开。
3. 然后转成小火，熬煮30分钟即可。
4. 最后将鸡蛋吃光，把汤喝干净即可。

猪肉白菜饺

[食材]

面粉1碗，瘦猪肉50克，白菜1棵。

[调料]

盐适量，香油4勺，醋2勺，大葱1段，姜1小块。

[做法]

1. 先将面用水调成面团，揉匀放置30分钟待用。
2. 将猪肉剁成肉泥，加入香油、酱油。
3. 白菜洗净，剁成碎末，挤去水分，姜、大葱切成碎末，一同放入肉馅中，加盐调匀即可馅料。
4. 再将面团擀成饺子皮，将馅装入。
5. 饺子包好，捏严。待水煮开后，下饺子煮熟即可。

天麻炖乳鸽

[食材]
乳鸽 400 克，天麻 4 克。
[调料]
盐适量，料酒 1/2 勺，鸡精 1 勺，白胡椒 20 克。
[做法]
1. 把天麻洗净，把乳鸽去掉内脏、爪、毛、洗净剁成块，放入开水中氽汤一下。
2. 把乳鸽、天麻放入蒸盅，加入水和所有调料。如果可以，最好用牛皮纸封住盅口。
3. 蒸 1 小时后，转成中火，将乳鸽蒸烂即可。

蜂蜜苹果汽水

[食材]
苹果 250 克，苏打水半杯。
[调料]
蜂蜜 1/3 勺。
[做法]
1. 苹果洗净，去掉皮和核，切成小块放入榨汁机中榨成汁。
2. 将苹果汁和苏打水、蜂蜜均匀搅拌在一起即可。

杭椒里脊

[食材]
牛里脊 80 克，杭椒 30 克，红椒 5 克，南瓜 300 克。
[调料]
盐适量，鸡精 1 小勺，酱油 1/2 勺。
[做法]
1. 将杭椒去掉蒂部；把南瓜和牛里脊洗净，切成长条形，红椒洗净切丝。
2. 把牛肉放入开水焯一下，然后盛出，沥干水分后用酱油，盐腌渍 10 分钟；然后将南瓜叶放入开水中煮 2 ~ 3 分钟，然后盛出，沥干水分。
3. 锅中倒入油，待油温烧至八成热的时候，放入牛柳翻炒后捞出，然后再放入杭椒、红椒翻炒，加入盐、鸡精和少许水。
4. 在杭椒变的稍软后，将南瓜和牛柳放入，翻炒均匀即可。

甜面酱拌牛肉

[食材]
牛肉 500 克。
[调料]
料酒 1 勺，酱油 1/2 勺，甜面酱 15 克，葱、姜各 3 克，香油少许。
[做法]
1. 将牛肉洗净，切成 4 大块，放开水锅内煮开，撇去浮沫。
2. 放葱、姜片、料酒，烧沸后，转用小火焖煮约两小时，能用筷子戳通时即熟。
3. 食用时，横着肉纹切成大薄片装盆，放上酱油、甜面酱、葱白段 1 小碟佐餐即可。

香菇什锦煮

[食材]
香菇 10 克，各类鱼丸 300 克。
[调料]
盐适量，海鲜酱油 1 勺，鸡精 1 勺。
[做法]
1. 将香菇洗干净，用凉水泡开后，在上面划上十字花。
2. 鱼丸洗净。
3. 待水烧开后，放入香菇、鱼丸煮 6 分钟。
4. 最后加入盐、海鲜酱油、鸡精即可。

黄金煎鳕鱼

[食材]
鳕鱼 2 条。
[调料]
葱 10 克，淀粉 1 勺，盐适量，鸡精、胡椒粉各适量，鸡蛋 2 个。
[做法]
1. 将鳕鱼加盐、味精、鸡精、胡椒粉腌渍入味。
2. 将腌渍入味的鱼先拍少许淀粉，再挂上蛋黄糊。
3. 油锅内油烧至五成热的时候，下鳕鱼煎至金黄色至熟。
4. 加高汤煨一下即可。

日式牛肉炒蔬菜

[食材]
牛肉 150 克，青椒、黄椒、红椒、茶树菇各 30 克。

[调料]
蚝油、料酒、酱油、淀粉各 1 勺，胡椒少许。

[做法]
1. 牛肉切成片，拌上料酒、酱油、淀粉、胡椒腌渍 10 分钟。
2. 青椒、黄椒、红椒洗净切丝。
3. 茶树菇用凉水泡软洗净。
4. 锅内油热后，放入腌好的牛肉炒至变色。
5. 加入青椒、黄椒、红椒、茶树菇、蚝油炒匀即可。

鸡肉茸黄瓜盅

[食材]
鸡胸肉 80 克，香菇 5 克，黄瓜 200 克。

[调料]
盐适量，鸡精 1 勺，麻油 1/2 勺。

[做法]
1. 将鸡胸肉洗净，剁成肉泥。
2. 香菇洗干净，用凉水泡开后，切成末。
3. 把香菇、鸡胸肉、盐、鸡精、麻油均匀地搅拌在一起，然后把黄瓜洗净，切成段，然后用小刀剜掉内瓤。
4. 把做好的鸡肉馅填充到黄瓜中央，蒸 5 分钟即可。

黄豆炖牛肉

[食材]
牛肉 300 克，黄豆 150 克，葱丝少许。

[调料]
葱花、姜末、蒜末各 3 克，盐适量，酱油、糖各 1 勺，水淀粉适量。

[做法]
1. 牛肉洗净，切成 1 厘米见方的丁。
2. 锅内油烧至七成热，放入黄豆，小火慢慢炸至酥脆，盛出，控油，凉凉。
3. 锅内留底油再烧热，放入葱花、姜末、蒜末爆香，然后加入牛肉丁炒至变色。
4. 翻炒约 3 分钟，再调入糖、酱油、盐炒匀，用水淀粉勾芡。
5. 最后下入炸好的黄豆，拌匀，撒上葱丝即可。

酸味苹果汁

[食材]
柠檬40克，苹果250克。
[调料]
糖1/2勺。
[做法]
1. 苹果洗净，去掉皮和核，切成小块放入榨汁机中。
2. 将柠檬洗净，去皮和子，放入榨汁机中。
3. 在榨汁机中倒入3/4杯的凉开水，榨汁即可。

凉拌绿茶面

[食材]
绿茶面条200克。
[调料]
盐适量，醋、酱油各1勺，高汤1.5碗，小葱1克。
[做法]
1. 将小葱洗净，切成末。
2. 把高汤、盐、酱油、醋搅拌均匀凉凉。
3. 把绿茶面条煮熟，然后过凉水过凉。
4. 把小葱撒在蘸汤上，吃的时候面条蘸入汤汁中即可。

西芹豆豉爆牛柳

[食材]
牛肉300克，西芹100克，豆豉30克，青、红椒和胡萝卜丝各少许。
[调料]
姜丝、蒜末各5克，生抽、淀粉、料酒各1勺，盐适量，甜面酱、糖各少许。
[做法]
1. 牛肉洗净切丝，加入生抽、淀粉、豆豉腌渍10分钟。
2. 西芹洗净，切小段，用开水氽烫后捞出，过凉水沥干。
3. 锅内油热后，放入姜丝、蒜末爆香，然后放入牛肉滑熟，加青椒、红椒、胡萝卜丝、甜面酱、糖、料酒煸炒片刻。
4. 然后倒入西芹，加入盐煸炒均匀即可。

茶泡肉丸

[食材]
猪里脊 250 克，香菜、茶叶各 10 克。
[调料]
盐适量，酱油、鸡精各 1/2 勺，小葱 1 克。
[做法]
1. 将猪里脊洗净，剁成肉泥；把香菜、小葱洗净，切成末。
2. 将猪里脊肉泥加入盐、鸡精、酱油搅拌均匀，做成肉丸放在开水中煮熟。
3. 茶叶用开水冲泡，静置 30 秒后，将水倒掉，再用新水冲泡，静置 30 秒后，再倒掉，再用新水冲泡。
4. 把肉丸放入茶中，加上香菜、小葱即可。

红烧鳜鱼

[食材]
鳜鱼 1000 克。
[调料]
大酱 100 克，料酒 2 勺，盐适量，酱油、醋、糖各 1/4 勺，胡椒面、剁椒各少许，辣椒油 1/2 勺，葱、淀粉各 5 克，姜 4 克，香葱末少许。
[做法]
1. 将鱼鳞、鳃和内脏去掉，洗涤净，在鱼身两侧斜剞数刀，抹匀料酒、酱油、葱，洗净；姜去皮，洗净，切片。
2. 炒锅烧热，倒入豆油，烧五成热时，将鱼放入锅内，煎黄后，翻煎另一面，煎好后捞出，锅内再加豆油，放进葱片、姜片煸炒一下。
3. 加上大酱，煸炒几下，放入料酒、盐、糖、味精、剁椒、胡椒面和清水，再将鱼下锅，沸后再烧 25 分钟，待汁收干时，用淀粉勾芡，加上醋和辣椒油，撒上香葱末即可。

炒什蔬

[食材]
甘蓝适量，娃娃菜 40 克，干辣椒 2 克，红、绿青椒各 15 克，芝麻 35 克。
[调料]
蒜 2 克，盐适量，酱油 1 勺。
[做法]
1. 将各色蔬菜切成大块。
2. 干辣椒切段，蒜切片。
3. 锅内倒入油，油烧至七成热的时候，放入蒜；干辣椒爆香。
4. 再放入各色蔬菜翻炒几下，再加入盐、酱油，撒上芝麻翻炒均匀即可。

麻婆豆腐

[食材]

北豆腐 200 克，小葱 1 克。

[调料]

郫县豆瓣酱 2 勺，麻椒粉 1 勺。

[做法]

1. 北豆腐切小块；小葱切葱花。
2. 锅内倒入油，加入郫县豆瓣酱翻炒，待豆瓣酱炒香后，倒入豆腐推炒。
3. 加入麻椒粉，推炒均匀。
4. 最后撒上小葱即可。

蟹肉棒炒咸蛋黄

[食材]

蟹肉棒 200 克，咸鸭蛋黄 3 个，竹笋 1/2 棵。

[调料]

盐适量。

[做法]

1.咸蛋黄碾碎；蟹肉棒和竹笋切成丝。
2.锅内倒入油，待油烧热后，下入蟹肉棒和竹笋、咸蛋黄翻炒。
3.在翻炒的过程中，可以根据需要加入少许水即可。

杞黄蒸仔鸡

[食材]

仔鸡 1 只，枸杞子 1 撮，黄芪 6 根。

[调料]

盐适量，料酒 3 勺，姜 1 小块，酱油 2 勺，葱 1 段。

[做法]

1. 把鸡宰杀后，去毛及内脏，去爪；黄芪润透切片；姜拍松；葱扎成一小捆。
2. 把料酒、酱油、盐抹在仔鸡身上，把葱、姜、黄芪、枸杞子放入鸡腹内，加清水或清汤 1 碗。
3. 然后把鸡装入蒸笼，置武火上，用大气蒸 45 分钟，取出即可。

抹茶丸子

[食材]

面粉 200 克，抹茶粉 2 勺，小油菜叶 20 克。

[调料]

盐适量。

[做法]

1. 小油菜叶切成末。
2. 面粉、抹茶粉、小油菜叶加入盐，水搅拌均匀，呈黏稠的泥状。
3. 锅内倒入油，待油烧至七成热的时候，将调好的面泥握成小团，分别放入锅中。
4. 待丸子炸熟后捞出，放在铺有厨房吸油纸上面，吸干油分即可。

煎烧牛里脊

[食材]

牛里脊肉 200 克。

[调料]

盐适量，酱油、料酒各 4 勺，胡椒粉 1 勺。

[做法]

1. 将牛里脊肉切成片，用料酒、胡椒粉腌至入味。

2 将烧烤板烧热，用中火煎牛里脊片，两面煎至变色。

3. 烹入酱油，加入盐调味，收浓汤汁，出锅即可。

芋头烧山鸡

[食材]

芋头 300 克，山鸡 500 克，青椒 50 克，牛蒡 60 克，香菜少许。

[调料]

葱段、姜片各 15 克，干辣椒、花椒各 3 克，酱油、生抽、料酒、糖各 1 勺。

[做法]

1. 山鸡清洗干净，剁成块。
2. 芋头洗净，切滚刀块，牛蒡洗净，切块，泡在水里防止变色。
3. 将山鸡用水焯一下，起油锅放入鸡炒，炒到颜色微变白时，放入干辣椒、花椒、葱、姜爆香，翻炒片刻；然后放入酱油、生抽、料酒、糖煸炒，加入水炖 30 分钟后，大火将汤汁熬浓稠。
4. 最后加入盐，撒上葱花、香菜即可。

鲍汁鸡翅

[食材]
鸡翅 200 克，洋葱 30 克，青蒜末少许。
[调料]
蒜 4 克，盐、料酒、酱油、海鲜酱油、蚝油各 1/2 勺，胡椒粉 1 克。
[做法]
1. 鸡翅洗净，蒜切成末；加入所有调味料，腌渍 1 小时。
2. 烤箱 190 摄氏度预热，烤盘上放一洋葱片，将鸡翅摆在上面，刷蜂蜜烤 10 分钟。
3. 拿出烤盘，鸡翅上面再刷上蜂蜜和调味汁，入烤箱再烤 10 多分钟。
4. 翻面刷蜂蜜和调味汁，再烤 10 多分钟，待鸡翅颜色变成金黄就可以了。

桂花糯米藕

[食材]
莲藕 300 克，糯米 150 克。
[调料]
糖 2 勺，糖桂花 1 勺，蜂蜜 1/2 勺，食用小苏打少许。
[做法]
1. 莲藕洗净，一端切开。
2. 糯米淘洗干净，晾干水分，由莲藕的切开处把糯米灌入，用竹筷子将末端塞紧，然后在切开处，将切下的莲藕节合上，再用小竹签扎紧，以防漏米。
3. 把灌好米的莲藕放入砂锅内，再倒入没过莲藕的水，在大火上烧开后转用小火煮制，待莲藕煮到五成热时，加入少许食用小苏打，继续煮到莲藕已变红色时取出凉凉。
4. 将莲藕削去外皮，切去两头部分，切成片扣入碗内，放入糖、糖桂花，蒸 3 分钟，最后放上蜂蜜即可。

清淡葱汤

[食材]
葱 3 克，海带 5 克。
[调料]
酱油 1/6 勺，鸡精 1/2 勺，盐适量。
[做法]
1. 把海带洗净，放入水中煮开。
2. 然后将葱切成圆形的葱花。
3. 把海带捞出，放入葱花。
4. 最后加入酱油、盐、鸡精调味即可。

西蓝花什锦蔬菜汤

[食材]
西蓝花 350 克，鲜香菇 5 克。
[调料]
盐适量，海鲜酱油 1/6 勺，鸡精 1 勺。
[做法]
1. 将西蓝花洗净，撕成小朵。
2. 鲜香菇洗净，去蒂。
3. 水烧开后，放入香菇。
4. 水再次烧开后，再放入西蓝花、盐、鸡精、海鲜酱油，煮 1 分钟即可。

雪梨蒸山药

[食材]
山药 200 克，雪梨 250 克。
[调料]
无
[做法]
1. 将山药、雪梨去皮，切成块。
2. 把雪梨用榨汁器榨成汁。
3. 将雪梨汁倒在山药上，将山药上笼蒸 15 分钟即可。

甜口拌鱼丝

[食材]
黑鱼皮 100 克，红椒丝少许。
[调料]
香菜 3 克，料酒、味精、糖各 1/2 勺，胡椒粉 10 克，姜丝、葱丝、盐各适量。
[做法]
1. 把鱼皮洗净，切丝。
2. 再将鱼皮丝、葱丝、姜丝混合搅拌。
3. 依次加入料酒、盐、胡椒粉、糖、味精、香菜、红椒丝拌匀，装盘即可。

炒肉丝

[食材]
猪肉 100 克，绿豆芽 1 把，黄、红椒 1/2 个。
[调料]
盐、鸡精适量，酱油 1 勺，料酒 2 勺。
[做法]
1. 把绿豆芽去头和尾，用开水焯过；黄、红椒和猪肉洗净，切成丝。
2. 将猪肉丝用淀粉、酱油、料酒拌好。
3. 锅放火上，下油，油热后，猪肉放入。
4. 炒至八成熟时，放入绿豆芽和黄、红椒，略炒片刻，加入盐、酱油，用旺火快炒至熟，再放入鸡精拌匀即可。

油焖皮皮虾

[食材]
皮皮虾 15 只，干辣椒适量，香菜叶少许。
[食材]
盐、鸡精适量，料酒 3 勺，葱 1 段，蒜 1 瓣，姜 1 小块。
[做法]
1. 将虾收拾干净，葱、蒜、姜洗净，切丝；干辣椒切段。
2. 油倒入炒锅中烧热，加入葱、姜、蒜、干辣椒炝锅。
3. 把皮皮虾入锅煸炒，加入料酒、盐、鸡精和适量，清水一起焖烧，收浓汤汁时，出锅，撒上香菜叶即可。

水晶鸭舌

[食材]
鸭舌 400 克，豌豆苗 50 克，火腿 25 克。
[调料]
料酒、味精各 1/2 勺，琼脂 10 克，盐适量。
[做法]
1. 将鸭舌放在开水锅中煮 25 分钟后捞出，剔去舌骨，洗去舌油，控净水。
2. 火腿切成末。把豌豆苗择洗干净，用开水烫一下。然后把鸭舌顺序摆在盘内，周围摆上豌豆苗和火腿末。
3. 锅烧热，放入水化开琼脂，再放入料酒、盐、味精调匀，待汁温后浇在鸭舌上。
4. 放入冰箱冷却后即成。

什锦炒木耳

[食材]
韭菜 200 克，木耳 100 克，胡萝卜片少许。
[调料]
红椒 3 克，盐适量，高汤半碗。
[做法]
1. 将木耳洗净，用凉水泡发，去掉蒂，撕成小朵。
2. 韭菜洗净，去掉根部，切成段；把红椒洗净，去掉子，切成片。
3. 锅内倒入油，待油烧至八成热的时候，放入木耳翻炒，然后倒入高汤。
4. 待高汤收干的时候，放入红椒、韭菜、胡萝卜、盐翻炒即可。

蟹黄豆腐

[食材]
南豆腐 300 克，咸鸭蛋黄 4 个，瘦肉末 50 克，小葱花少许。
[调料]
盐适量，料酒 1/2 勺，高汤 1 碗。
[做法]
1. 先把豆腐洗净，用开水氽烫去掉豆腥味，捞出后切小块。
2. 咸蛋黄捣成泥状；瘦肉末用盐、料酒腌渍 10 分钟。
3. 锅内倒入油，烧至八成热后，放入肉末炒熟，再放入豆腐、蛋黄泥轻轻推炒。
4. 上色以后放入高汤，汤汁煮沸撒上葱花后即可。

蒜末炒芹菜草菇

[食材]
芹菜、草菇各 200 克，红椒少许。
[调料]
蒜末 5 克，盐适量。
[做法]
1. 芹菜洗净，切段，红椒切圈。
2. 草菇洗净焯水，切两半。
3. 锅内油热后，放入蒜末爆香。
4. 然后放芹菜、草菇、红椒翻炒，略焖一会儿，加盐调味即可。

焖大虾

[食材]
海虾 300 克。
[调料]
姜 2 克，葱 1 克，盐适量，白酒 1/2 勺。
[做法]
1. 将海虾背上的虾线去除掉，用盐、白酒腌渍 5 分钟。
2. 锅内倒入油，油烧至八成热后放入葱、姜煸香，然后将葱姜捞出。
3. 放入虾翻炒至变色即可。

粉丝炖蛤蜊

[食材]
豆腐 100 克，大白菜 200 克，蛤蜊 500 克，粉条 50 克，青、红椒圈少许。
[调料]
酱油 1 勺，盐、小葱各少许，高汤 1 碗。
[做法]
1. 大白菜洗净，切成段，豆腐适当切块，葱切末；锅烧热，放油适量，放入葱出香味儿后，放入豆腐煎至两面金黄。
2. 将火调旺，放入大白菜和青、红椒稍微翻炒一下，调入盐、酱油适量；稍微翻一下，倒入蛤蜊肉和高汤。
3. 泡过的粉条放进去，让粉条充分吸收汁水。
4. 大火炖上 8 分钟左右，调入少许盐即可。

原汁大白菜炖竹丝鸡

[食材]
椰子 500 克，大白菜 300 克，竹丝鸡 250 克。
[调料]
红枣 50 克，枸杞子、百合各 20 克，莲子、薏米各 10 克，生姜 2 克。
[做法]
1. 把新鲜的竹丝鸡剖开取出其内脏，清水洗净后置于水中煮约 5 分钟捞起。
2. 椰子去皮剖开后切成一小长块（剖开椰子前保存好椰水）。
3. 将大白菜切成块，竹丝鸡、红枣、枸杞子、莲子、薏米、百合、椰肉、竹丝鸡及椰水一齐放进煲里，加 5 ~ 8 碗水，水开后改为慢火，煲约两小时，加生姜调味饮用即可。

清蒸大白菜

[食材]
白菜 800 克，蒜茸 100 克，青、红尖椒丝各 5 克，香菜叶少许。
[调料]
葱、姜丝各 5 克。盐适量，味精 1/2 勺，鸡精 1/6 勺，浇汁 1 碗。
[做法]
1. 把白菜从中间一劈为二，留下菜叶部分，纵向分切成 5 等份，均匀摆在盘中。
2. 锅内放底油烧至六成热，烹入蒜茸中火煸出香味、至蒜茸颜色发黄时，浇在白菜上，再撒上盐、味精、鸡精，上笼大火蒸 5 分钟，取出撒上青、红尖椒丝和葱、姜丝。
3. 将制好的浇汁均匀淋在白菜上，浇上烧至九成热的油，撒上香菜叶即可。

炸虾

[食材]
虾 15 只。
[调料]
盐适量，黑胡椒 1 勺。
[做法]
1.将虾收拾干净，用盐腌渍 10 分钟后，穿在竹签上。
2.锅内油八成热的时候，放入虾炸透。
3.捞出沥干油，撒上黑胡椒即可。

滑炒墨鱼花

[食材]
腊肉 500 克，红椒 5 克，墨鱼仔 250 克，小葱末少许。
[调料]
盐适量，白酒 1/2 勺，鸡精 1 勺，葱 1 段，姜 1 小块。
[做法]
1.墨鱼仔收拾干净，切花，用开水汆烫一下。
2.葱洗净，切段；姜洗净，切片。
3.锅内倒入油，油热后下入葱、姜爆香，然后倒入墨鱼仔滑炒。
4.随即加入盐、鸡精、白酒，翻炒数下，撒上小葱末即可。

红腐乳烧肉

[食材]
猪后腿肉 35 克。
[调料]
红腐乳汁 5 勺，酱油 2 勺，料酒 3 勺，葱 1 段，姜 1 小块。
[做法]
1. 将猪肉洗净切成 2 厘米见方的块，葱、姜均切丝备用。
2. 将油烧热，加入葱丝、姜丝炸出香味。
3. 放入肉块煸炒至断生，加入料酒、腐乳汁、酱油，翻炒均匀加入适量清水烧开，转小火焖至肉烂，收浓汤汁，盛盘即可。

洋葱烤羊肉串

[食材]
羊肉 200 克，洋葱 1/4 个。
[调料]
盐适量，孜然 1 撮，辣椒粉 1/3 勺。
[做法]
1.羊肉洗净切成小块，穿在竹签上。
2. 洋葱洗净切丝。
3.将羊肉串放在铁板上烤熟，一边烤一边加入洋葱、盐、孜然、辣椒粉。

金针菇汆肥牛

[食材]
金针菇 1 小把，肥牛片 100 克，干辣椒 3 个。
[调料]
适量鸡精，青花椒 1 撮，豆瓣酱 2 勺，葱 1 段，姜 1 小块，酱油 1 勺，料酒 2 勺，蒜 1 瓣，胡椒粉 1 勺，小葱末适量。
[做法]
1. 金针菇去根，洗净，放入加了盐的沸水中焯透，捞出；肥牛片入沸水中焯去血水，捞出；葱、姜切丝，蒜切末。
2. 炒锅置火上，倒入油，待油温烧至六成热，加青花椒炒出香味后放入干辣椒炒香，倒入豆瓣酱炒出红油，煸香葱丝、姜丝和蒜末。
3. 淋入适量料酒、酱油和清水烧开，关火，滤出锅中的汤汁，重新放在火上，大火煮开后转小火熬煮。
4. 放入金针菇和肥牛片略煮，用鸡精和胡椒粉调味，撒上香葱末关火，撒上小葱末即可。

三文鱼蒸蛋羹

[食材]

三文鱼鱼肉 50 克，鸡蛋 2 个。

[调料]

葱叶丝小许，酱油 3 勺，香油 2 勺。

[做法]

1. 鸡蛋磕入碗中，加入少许水和葱叶丝打散。
2. 三文鱼鱼肉洗净，切粒，和葱叶丝倒入蛋液中，搅匀。
3. 将蛋液放入蒸锅隔水蒸至定型，取出，淋入鲜酱油即可。

烤海鱼

[食材]

海鱼 1 条，柠檬 1 片。

[调料]

盐适量。

[做法]

1.海鱼收拾干净，正反两面抹上盐，腌渍 10 分钟。
2. 将海鱼放在炭炉上烧烤。
3.烤熟后，用手将柠檬汁挤在上面即可。

玫瑰黑芝麻红茶

[食材]

干玫瑰花、红茶各 3 克，黑芝麻 5 克。

[调料]

无

[做法]

1. 将黑芝麻炒香。
2. 把炒好的黑芝麻研碎。
3. 然后和玫瑰花、红茶一起冲泡 3 分钟即可。

山药排骨汤

[食材]

山药 1 根，排骨 250 克，红椒圈、小葱段各少许。

[调料]

盐、鸡精适量，香油 1 勺，葱 1 段，姜 1 小块。

[做法]

1. 山药去皮，洗净，切滚刀块；排骨剁段，洗净，入沸水中焯去血水，捞出。
2. 锅置火上，放入焯好的排骨、红椒圈、小葱段，加葱、姜和适量清水烧至排骨八成熟。
3. 倒入山药块煮熟，用盐和鸡精调味，淋上香油即可。

乌鸡什菌汤

[食材]

乌鸡 1 只，各色菌类各适量，枸杞子少许。

[调料]

盐适量。

[做法]

1.乌鸡洗净剁块。菌类洗净，撕小块。
2.锅内加入水、乌鸡、枸杞子、菌类，大火煮开后，转成小火炖 1 小时。
3. 最后加入盐即可。

猪肉冬瓜螺片煲

[食材]

猪肉 100 克，冬瓜 1 块，螺肉 100 克，香菇 1 个，枸杞子少许。

[调料]

盐、鸡精适量，胡椒粉 1 勺。

[做法]

1.猪肉、冬瓜洗净切块；螺肉、香菇洗净。
2.锅内倒入水，水开后下入猪肉，用小火炖 30 分钟。
3.然后加入冬瓜、枸杞子、螺肉、香菇、盐、鸡精、胡椒粉，炖至猪肉熟烂即可。

枸杞鸡汤

[食材]

鸡 1 只，枸杞 1 撮。

[调料]

盐适量。

[做法]

1.将鸡洗净，切块，在开水氽烫后捞出。

2.锅内倒入水，加入鸡，用大火煮开后，转成小火炖 1 小时。

3.最后加入盐、枸杞焖 10 分钟即可。

水果沙拉

[食材]

桃 1 颗，甘蓝 1 片，西瓜少许。

[调料]

无糖色拉酱 1 勺。

[做法]

1. 桃洗净，去核，和西瓜切丁。

2. 甘蓝洗净，切丝。

3. 取盘，放入桃、西瓜、甘蓝，加色拉酱拌匀即可。

甘芪烧肉

[食材]

猪肉 100 克，熟鹌鹑蛋 5 颗。

[调料]

盐、鸡精适量，酱油 1 勺，八角 1 粒，蒜 1 瓣，黄芪 1 块，甘草 2 棵，糖 5 克。

[做法]

1. 将甘草、黄芪、蒜、八角用纱布包好备用。

2. 猪肉洗净切块，鹌鹑蛋去皮。

3. 锅内倒入油，加入糖熬糖色，然后将肉倒入翻炒。

4. 加入酱油、盐、鸡精、水、药包，炖至肉熟，捡去药包，加入鹌鹑蛋，大火收汁即可。

凉卤水鸭头

[食材]

鸭头 3 个。

[调料]

卤汁 5 大碗。

[做法]

1. 鸭头焯水，取出后用冷水浸出血水，洗净，沥干。
2. 卤水烧滚后，放鸭头，用小火卤 30 分钟，冷却后取出装盘即可。

红枣炖南瓜

[食材]

南瓜 1 大块，红枣 5 个，百合少许。

[调料]

无

[做法]

1. 南瓜洗净，切小块；红枣、百合均洗净。
2. 所有材料放入砂锅中，加清水炖至南瓜熟透，盛出装盘即可。

清炒虾仁

[食材]

虾仁 400 克，蛋清 2 个。

[调料]

葱末 20 克，姜末 5 克，料酒 3 勺，盐适量。

[做法]

1. 将虾仁洗净，用蛋清、淀粉、盐拌匀浆好。
2. 锅内油烧至三成热时，投入虾仁滑透，捞出控油。
3. 留底油六成热时，投入葱、姜煸炒出香味，加入虾仁，倒入料酒、盐，炒匀即可。

沙茶牛肉

[食材]

牛肉 750 克，生菜 1000 克，青、红尖椒各 10 克。

[调料]

盐适量，沙茶酱 150 克，白糖 2 勺，味精少许，辣椒油 1 勺，芝麻酱 3 勺。

[做法]

1. 将牛肉洗净去筋，按肉纹横切薄片，每片长 10 厘米，盛于盘中。把生菜分成两盘，青、红尖椒切圈。
2. 将沙茶酱、熟油、芝麻酱、辣椒油、白糖拌匀成酱料，分盛两碗。把其中一碟以二汤 50 克和匀，也分成两碗。
3. 餐桌上置一碳炉，放上砂锅，下二汤、盐、味精和酱料一碗，上盖。汤沸后，将牛肉片和生菜分批放入，捞出拌上醮酱，撒上青、红尖椒圈即可。

粉丝炒牛肉

[食材]

牛肉 250 克，干粉丝 150 克。

[调料]

葱末 10 克，蒜末 5 克，郫县豆瓣酱、蚝油各 1 勺，盐、水淀粉、鸡蛋清、糖各适量。

[做法]

1. 牛肉切小块，用盐、糖、蚝油、水淀粉、鸡蛋清腌渍 30 分钟。
2. 干粉丝用水煮开，马上用冷水反复冲洗几次，控干水。
3. 锅内油热后，放郫县豆瓣酱爆香，把牛肉爆炒至六成熟，取出。
4. 用锅内剩下的余油把蒜末爆香，放入粉丝，清水炒一下，然后放入剩下的蚝油，盖上锅盖焖煮 1 分钟，放入之前爆炒的牛肉，翻炒片刻即可。

滑子菇炒牛肉

[食材]

牛肉 600 克，滑子菇 100 克，青、红椒各 20 克。

[调料]

酱油、米酒、糖各 1 勺，姜末、葱末各 4 克，大料 2 克，香油少许，盐适量。

[做法]

1. 牛肉、滑子菇洗净，将牛肉切成方块，滑子菇切成厚片。青、红椒洗净，切大块。
2. 锅中放油烧热，放入葱末、姜末爆香，再加入牛肉块煸炒至五成熟，放入酱油、大料，加水淹没牛肉块。
3. 放糖、米酒，烧沸后用文火焖至八成熟，即可放入滑子菇、青椒、红椒。
4. 用中火烧至汤汁浓稠，最后淋入香油盛盘即可。

牛肉丁爆长寿豆

[食材]

牛肉 300 克，豌豆 150 克，胡萝卜 100 克。

[调料]

葱花、姜末、蒜末各 1 小勺，盐适量，酱油、糖各 1 勺，水淀粉适量。

[做法]

1. 牛肉洗净，切成 1 厘米见方的丁；胡萝卜洗净，去皮，切成同牛肉丁大小的丁。
2. 锅内油烧至七成热，放入豌豆，小火慢慢炸至酥脆，盛出，控油，凉凉。
3. 留少许底油，放入葱花、姜末、蒜末爆香，然后加入牛肉丁炒至变色，放入胡萝卜丁翻炒约 3 分钟，再调入糖、酱油、盐炒匀，用水淀粉勾芡。
4. 最后下入炸好的豌豆拌匀即可。

桂花南瓜饼

[食材]

南瓜 1 大块，糯米粉 2 碗，桂花 1 撮。

[调料]

无

[做法]

1. 将南瓜洗净，去皮，挖瓤和子，洗净，制成南瓜泥，备用。
2. 将糯米粉放在盆内，加入糖与桂花，拌和；倒入适量水调成稠糊。
3. 放入南瓜泥，拌匀。
4. 平锅内倒入花生油烧热，舀入面糊，用手转动，一面炸透后，翻炸另一面。
5. 炸至两面焦黄时，捞出沥油装盘，趁热食用。

腊八豆蒸排骨

[食材]

猪排骨 500 克、腊八豆 50 克，香菜叶少许。

[调料]

盐适量，味精、蚝油各 1/4 勺，排骨酱 1 勺，姜、香葱各 5 克，干椒粉 15 克，胡椒粉 2 克。

[做法]

1. 将排骨洗净，剁成 3 厘米长的段，加入盐、味精、蚝油、排骨酱腌渍 1 小时，装入碗内；香葱切花，姜切末。
2. 锅置小火上，放入油，烧热后放姜末、腊八豆、干椒粉炒香，盖在排骨上；上笼蒸 1 小时后取出，扣在碟内，撒上葱花、香菜叶、胡椒粉即可。

蘑菇胡萝卜拌饭

[食材]
米 1 小碗，香菇 1 朵，胡萝卜 1 块，香芹少许。

[调料]
牛油、盐适量，牛肉汤 1/3 碗。

[做法]
1. 香菇洗净以沸水烫熟后捞出，切成片。
2. 胡萝卜洗净，切成丝，放入锅中，加入牛油、香味焖透。
3. 汤锅烧热，将牛肉汤倒入锅中，放入焖熟的胡萝卜及汤汁，加入盐、米煮熟即可。

猪尾炖土豆

[食材]
猪尾 300 克，土豆、胡萝卜各 60 克，小葱段少许。

[调料]
姜 3 克，葱 2 克，干辣椒 5 克，白兰地、番茄酱各 1 勺，红酒 2 杯，胡椒粉 10 克，盐适量。

[做法]
1. 猪尾洗净去毛，切段，用开水煮 10 分钟。
2. 红酒留下 1 杯，其余的将猪尾浸泡起来；然后将姜洗净，切片；葱洗净，切小段。
3. 胡萝卜和土豆洗净，去皮后切成菱形，然后用开水煮熟。
4. 锅内倒入油，待油烧至八成热的时候，放入红酒、猪尾、葱、姜、干辣椒煎一下，然后再加入白兰地、番茄酱、红酒，煮开后转成小火焖，最后加入土豆、胡萝卜、盐、胡椒粉调味，撒上小葱段即可。

小炒腊牛肉

[食材]
腊牛肉 250 克，红尖椒 30 克，香葱 50 克。

[调料]
干辣椒 15 克，姜 5 克，酱油 2 勺，料酒、香油各 1 勺，盐、鸡精各适量。

[做法]
1. 将腊牛肉横着纹路切成片；红尖椒斜切成细圈；香葱切成圈；姜切成末。
2. 锅中放入油，烧热以后放入干辣椒，用小火炸至略微变色，炸出香味时，立即将干辣椒捞出待用。
3. 放入腊牛肉片，煸炒至腊牛肉水分收干时，放入料酒、酱油、姜末煸炒均匀。
4. 再放入红尖椒、干辣椒、香葱、盐和鸡精调味，淋入香油即可。

农家小河虾

[食材]
河虾 200 克，尖椒、韭菜各少许。
[调料]
盐适量。
[做法]
1.河虾洗净，尖椒、韭菜洗净，切段。
2.锅内倒入油，油热后，下入河虾、尖椒、韭菜翻炒。
3.炒至河虾变色后，加入盐调味即可。

羊肉炖萝卜

[食材]
白萝卜 500 克，羊肉 250 克，香菜叶少许。
[调料]
酱油、白糖各 2 勺，葱段 1 克，姜片 4 克，大料 2 克，料酒 1 勺，盐适量，味精 1/2 勺，枸杞子少许。
[做法]
1. 将羊肉洗净，切成方块，用热水焯一下捞出，沥水备用。
2. 将白萝卜切成方块，用热水焯一下，汤水备用。
3. 铁锅内放油，油热至七成时，放白糖，用铲子不断地搅拌至糖冒泡时放肉翻炒，待肉均匀上色后，放酱油，同时放葱段、姜片、大料。盖锅盖炖 5 分钟后放入温水，用大火炖开后，放料酒，改为文火炖。待肉六成熟时，将萝卜、枸杞子倒锅内，放盐，将肉和萝卜块炖烂熟时，放味精出锅装碗，撒上香菜叶即可。

南瓜饼

[食材]
南瓜 1/2 个，淀粉 1/2 碗，糯米粉 1 小碗，红豆馅 1 小碗。
[调料]
无
[做法]
1. 将南瓜去皮，切片。
2. 蒸熟后凉透，搅成泥状，加入淀粉、糯米粉和成柔软的南瓜面团，发 10 分钟。
3. 将面团分成小块，每块放手中摊平，再放一小块红豆馅做成饼状。
4. 上笼蒸 15 分钟或放入油锅内炸熟即可。

香葱鸡蛋炒米饭

[食材]

米饭 1 碗，香葱 1 棵，鸡蛋 1 个。

[调料]

盐适量。

[做法]

1. 将鸡蛋打散，香葱切成末，米饭装入碗内待用。
2. 将炒锅置于火上烧热，加入油，待油烧至六成热时，加入鸡蛋炒熟。
3. 再下入米饭和香葱末、盐，炒匀即可。

皮蛋包

[食材]

猪肉 250 克，松花蛋 3 个，小麦面粉 1/2 碗，荸荠 15 个，鸡蛋 4 个。

[调料]

盐适量，葱 1 段。

[做法]

1. 将新鲜猪肉洗净，绞成肉馅备用。
2. 荸荠先拍碎，再切成细粒。
3. 皮蛋去壳后切细粒，和荸荠粒一起放入盛器中，加盐、鸡精、葱花与鲜肉馅后拌匀即可。
4. 将面粉、盐、1/3 杯水、鸡蛋混合在一起，揉搓成面团，再将面团分小块，再擀成面皮，备用。
5. 擀好的面皮中包入馅，捏好，包成包子，蒸熟即可。

海苔卷

[食材]

米饭 1 碗、海苔若干小片。

[调料]

盐适量、糖 1/3 勺、寿司醋 3 滴。

[做法]

1.将米饭蒸熟，趁热加入盐、糖、寿司醋搅拌均匀。

2.将米饭卷在海苔片中即可。

豆沙包

[食材]

小麦面粉、豆沙馅各 1 大碗。

[调料]

糖 2 小碗。

[做法]

1. 面粉发酵，和成面团。
2. 摘成小块，分别包入豆沙馅，上笼蒸熟即可。

日式海鲜面

[食材]

小麦面粉 1 碗，海苔 1 片，小蘑 5 克，甜玉米粒 10 克。

[调料]

盐适量，葱 1 段。

[做法]

1. 将葱切成葱花，小蘑切成片。
2. 将油放入炒锅内，待油热至六成热时，入葱末爆香。
3. 再加入小蘑、甜玉米粒炒匀；加入 1 杯水用文火煮 25 分钟，加盐盛起待用。
4. 将面粉用水和匀，揉成面团，用擀面杖擀成薄片，切成面条；在沸水中下入面条煮熟，捞起盛入碗内，将煮熟的鸡蛋切开，和海藻盖在面上即可。

白水羊肉炖鹌鹑蛋

[食材]

羊肉 300 克，鹌鹑蛋 100 克。

[调料]

红枣 15 克，蚝油 2 勺，葱、姜末各适量，酱油 2 勺，盐适量，味精、料酒、醋各 1/2 勺，糖 1 勺，红椒圈、香芹段各少许。

[做法]

1. 羊肉洗净，切块，焯一下去掉杂质；鹌鹑蛋煮好，剥好，放一旁待用；红枣洗净，待用。
2. 锅烧热倒入油，烧至六成热，放入葱、姜末炒香。
3. 倒入羊肉块、蚝油翻炒一下，再加入料酒去膻。
4 加点水，放入红椒圈、香芹段、红枣、酱油、糖、醋，盖盖中火焖大约 15 分钟即可。
5. 开盖翻炒，加入鹌鹑蛋；继续炖 5 分钟。
6. 加适量盐、味精调味出锅即可。

二面馒头

[食材]
黄玉米面 2 碗，小麦面粉 1 碗，酵母 1 勺，食用小苏打 1/2 勺。
[调料]
无
[做法]
1. 将玉米面、面粉分别放入盆内，放入酵母、水，分别和成较硬的面团，饧发，备用。
2. 将发足的面团放在案板上，放入食用小苏打，揉匀后搓成条，分成剂子，用手揉搓成馒头状。
3. 将馒头生坯盖上湿洁布，饧约 10 分钟，再间隔均匀地码入屉内，放在沸水锅上，用旺火沸水蒸约 20 分钟即可。

蜇头白菜心

[食材]
海蜇皮 250 克，白菜 200 克，青、红、黄椒丝各少许，香菜 5 克。
[调料]
大蒜 8 克，盐适量，味精、糖、醋、香油各 1/4 勺。
[做法]
1. 白菜叶洗净，放入加有盐的沸水锅中煮半分钟，捞出过凉，再放入保鲜盒中，浇入用糖、白醋和少许盐调好的味汁，放入冰柜腌渍 20 分钟，取出卷成卷，切成段后装盘。
2. 把海蜇皮切丝，青、红、黄椒丝，加少许腌白菜后的原汁调匀，浇在白菜上即可。

葱油鱼

[食材]
鲤鱼 1 条，香菇 1 朵，方火腿 1 小块。
[调料]
盐、胡椒粉、鸡精适量，葱 1 段，姜 1 小块，黄酒 2 勺，酱油 2 勺，蒜适量。
[做法]
1. 将鱼宰杀，去鳞，去鳃，去内脏，水洗净待用。香菇洗净去蒂，和方火腿一起切成片；蒜去皮剁成末。
2. 将鱼放入长形盆中，加生抽、葱段、姜片、绍酒、盐、鸡精，上笼用旺火蒸 30 分钟左右，取出装盘，拣去葱段、姜片，撒胡椒粉，放上葱丝、香菇、方火腿、蒜末。
3. 炒锅上火，下油烧至九成热时，出锅浇在鱼上面即可。

金针菇蒸排骨

[食材]
金针菇 200 克，排骨 250 克，芥蓝少许。
[调料]
姜 2 克，葱 1 克，盐适量，料酒 1 勺，酱油 2 勺，韩式辣酱 5 勺。
[做法]
1. 将排骨切小段，用盐、料酒、酱油腌渍 30 分钟。
2. 金针菇撕成小把，和芥蓝铺在盘子下面，码上排骨。
3. 上笼蒸 1 小时出笼。
4. 最后将韩式辣酱淋在上面即可。

白汤羊肉丸

[食材]
羊肉 150 克，白菜 250 克，鸡蛋 2 个，红椒末少许。
[调料]
料酒、香油各 1/2 勺，芡粉 10 克，姜 5 克，葱 15 克，盐适量。
[做法]
1. 白菜切丝，羊肉洗净，剁成细末，放入大碗中，再加姜、葱末和少许清水搅拌，边搅边加入清水，待羊肉上浆起劲，加上鸡蛋清、芡粉、盐、料酒、香油搅匀成羊肉丸子馅待用。
2. 锅中放清水烧开，放白菜丝，随即用手将羊肉馅挤成枣子大小的丸子，放入锅内，待汤再开，撇去浮沫，放入余下的盐、料酒、红椒末即可。

日式烤秋刀鱼

[食材]
秋刀鱼 3 条。
[调料]
盐适量、黑胡椒碎粒 3 勺，大蒜粉 2 勺，生姜粉 3 勺，柠檬汁 3 勺。
[做法]
1. 秋刀鱼去除内脏鱼鳃，洗净沥干。
2. 用盐抹秋刀鱼，并撒上黑胡椒碎粒、生姜粉和大蒜粉，腌渍 15 分钟左右。
3. 烤箱预热 200 摄氏度。烤架涂一层油，将腌渍好的秋刀鱼排放在烤架上。
4. 烤 20 分钟后，取出，将鱼翻个面，放入烤箱再烤 15 分钟；滴几滴柠檬汁食用即可。

红烧蹄筋

[食材]
鲜牛蹄筋 250 克，干辣椒 10 克，香菜叶少许。
[调料]
葱 1 克，盐适量，酱油 2 勺，料酒 1 勺，糖、淀粉各 1/2 勺，高汤 1 碗。
[做法]
1. 将蹄筋切成长条，放入开水汆烫后捞出；葱、干辣椒切小段。
2. 锅内倒入油，待油烧热后，放入葱、干辣椒煸香，加入蹄筋，迅速翻炒，使蹄筋均匀受热。
3. 倒入酱油、料酒、盐、糖、高汤开锅后，用小火炖 10 分钟。
4. 最后大火收汁，用淀粉勾芡，撒上香菜叶即可。

肉末酸豆角

[食材]
豇豆 250 克，五花肉 150 克。
[调料]
红尖椒 25 克，花椒 2 克，味精 1/4 勺，姜 4 克，大葱 10 克，香油 1 勺。
[做法]
1. 豇豆切粒，然后把姜、葱剁末。
2. 红辣椒切粒。
3. 猪五花肉洗净，切末。
4. 炒锅下油，烧五成热放葱末、姜末和肉末，炒出香味，猪肉变色，放泡豆角粒、红辣椒粒翻炒，再放花椒水、味精、淋香油即可。

炖鱼头

[食材]
鱼头 1 个，鸡蛋 4 只，玉米淀粉 1 勺，高汤 2 碗。
[调料]
盐、鸡精适量，料酒 2 勺，胡椒粉 1 勺，醋 3 勺，葱 3 棵，大蒜 1 块，姜 1 小块。
[做法]
1. 将鱼头切开，放入大碗中加料酒、鸡精、盐、香油入味。蛋液加淀粉调成蛋糊；鱼块放入蛋糊内拌匀；香菜切段，葱切细丝备用。
2. 炒锅上火，注入花生油烧至七成热，下入鱼块炸呈微黄色，控油。
3. 炖锅上火，加高汤、料酒、盐、鸡精、胡椒粉烧开。
4. 锅内放入鱼头及葱；姜、蒜再烧沸。
5. 用小火炖 10 分钟，拣出葱、姜、蒜，淋入醋、香油即可。

腊肉鱿鱼丝

[食材]
鱿鱼 1 块，腊肉 1 块，青、红椒少许。
[调料]
盐、鸡精适量，香油两滴，糖、花椒粉、醋各 1 勺。
[做法]
1. 腊肉蒸熟，凉凉后切成丝；鱿鱼去皮，用开水汆烫熟后切成丝；青、红椒洗净，切成丝。
2. 用盐将所有食材拌腌片刻，沥干水分。
3. 加入花椒粉、糖、醋、鸡精和香油，拌匀后装入盘内即可。

培根卷芦笋

[食材]
芦笋 300 克，培根 200 克。
[调料]
番茄酱 2 勺。
[做法]
1. 芦笋去掉根部，用开水汆烫熟捞出。
2. 锅内倒入油，待油烧至六成热后，将培根煎熟捞出。
3. 把芦笋用培根卷起来。
4. 放上番茄酱即可。

山药炒虾仁

[食材]
虾仁 100 克，山药 1 块，青豆 1 撮，香葱段少许。
[调料]
盐适量。
[做法]
1. 山药去皮切成块，和青豆煮熟捞出沥干水分。
2. 锅内倒油烧热，放入虾仁、山药、香葱、青豆翻炒。
3. 最后加入盐调味即可。

纸皮蛋卷

[食材]
鸡蛋 2 个，香菜 15 克，糯米纸 5 张。
[调料]
盐适量，番茄酱 3 勺。
[做法]
1. 将鸡蛋加入盐，打散，把鸡蛋摊成鸡蛋饼。
2. 将鸡蛋饼切成 5 份，撒上香菜。
3. 用糯米纸把鸡蛋饼包裹起来。
4. 吃的时候蘸上番茄酱即可。

鲍鱼鸭掌

[食材]
鲍鱼 1 只，鸭掌 1 只。
[调料]
盐、鸡精适量，姜汁、葱汁各 3 勺，胡椒粉 1/2 勺，香油 1 勺，鲜汤 1 勺。
[做法]
1. 将鲍鱼放入沸水锅烫一下捞出，鸭掌洗净汆烫一下。
2. 烧热锅，放猪油烧热，下葱姜汁，再加鲜汤，放鲍鱼、鸭掌，加其余调料，烧沸。
3. 直至鲍鱼、鸭掌熟透即可。

海虾沙拉

[食材]
海虾 50 克，核桃仁 1 个，西芹 20 克。
[调料]
盐适量，胡椒粉 1/2 勺。
[做法]
1. 海虾汆烫熟，去皮；西芹去掉叶子，洗净，切成段，汆烫一下捞出。
2. 海虾、核桃仁、西芹加盐、胡椒粉调味即可。

糖醋香椿苗

[食材]

香椿苗 800 克、红椒丝少许。

[调料]

糖、生抽各 1/2 勺，醋 1 勺，盐适量。

[做法]

1. 香椿苗洗净焯水后，用凉水过凉，沥干水分待用。
2. 其余各种配料根据自己的口味拌好。
3. 将拌好的配料倒入香椿苗、红椒丝拌匀，放入适量橄榄油即可。

糖醋心里美萝卜

[食材]

心里美萝卜 350 克。

[调料]

盐适量，醋 1 勺，蚝油、味精、糖、带辣椒的辣椒油各 1/2 勺。

[做法]

1. 先用清水将萝卜表皮清洗干净，然后用刀削成较厚的皮，改刀片成片状块（主要用皮），放入冰水中浸泡 10 ~ 20 分钟。
2. 捞出萝卜皮沥干水分，加盐、醋、蚝油、味精、糖、香油、辣椒油拌匀即可。

农家锅炖鲇鱼

[食材]

鲇鱼 1 条。

[调料]

盐适量，花椒、青、红椒圈各 10 克，姜 3 克，蒜 8 克，料酒、红糖各 1/2 勺。

[做法]

1. 鲇鱼杀好，切 3 段，用盐洗掉外表黏液，锅放油，加入姜、蒜、辣椒、花椒爆香。
2. 倒入鲇鱼块煎至外青微黄，倒入适量的红糖，加入适量的酱油、盐、料酒轻轻炒均，至鱼上色。
3. 倒入水没至鱼块，中火煮 30 分钟，至汤汁浓郁，放味精即可。

蛋清黄瓜炒木耳

[食材]
黄瓜 250 克，胡萝卜 100 克，蛋清 2 个，木耳 20 克。
[调料]
盐适量。
[做法]
1. 黄瓜洗净，削皮切片，蛋清打散；木耳洗净；胡萝卜切片。
2. 开水锅焯木耳，将鸡蛋清打散，撒入少许盐。
3. 锅中下油，油热，倒入鸡蛋清，迅速地滑炒，成型之后立刻盛出备用。
4. 锅下油，倒入焯好的木耳，加入黄瓜片翻炒，再次倒入之前盛出的炒好的蛋清，加盐调味出锅即可。

木耳猪肉鸡爪汤

[食材]
猪肉 100 克，木耳 10 克，鸡爪 200 克。
[调料]
枸杞子 5 克，盐适量。
[做法]
1. 木耳、枸杞子先泡水；鸡爪 1 只剁成 3 段；把猪肉切成丝。
2. 猪肉、鸡爪、木耳一起下锅加清水。
3. 大火煮开后，中火煲 30 分钟至鸡爪软烂后，下枸杞子和盐调味即可。

西芹核桃仁拌腌肉

[食材]
西芹 60 克，核桃仁 100 克，腌肉 400 克，红椒少许。
[调料]
盐适量，鸡精 1 勺。
[做法]
1. 西芹洗净，去掉根部，切成段，把腌肉撕成小条，红椒切条。
2. 将西芹、核桃仁、腌肉红椒倒在一起。
3. 最后加入盐、鸡精搅拌均匀即可。

虾皮白菜心

[食材]

白菜心 1000 克，虾皮 20 克，红椒 10 克。

[调料]

芥末油、生抽、鸡精各 1/4 勺，醋、糖各 1 勺，盐适量，香油 1/2 勺，蒜 8 克。

[做法]

1. 将白菜心、红椒切成细丝儿。
2. 将做法 1 和所有的调料混合拌匀即可。芥末油、蒜根据自己的喜好放入即可。糖少量，可增加拌菜的鲜味。

排骨鹌鹑蛋

[食材]

鹌鹑蛋 200 克，排骨 500 克，小葱末少许。

[调料]

大料 2 克，桂皮 3 克，姜 15 克，蒜 10 克，酱油 1 勺，盐少许，鸡精 1/4 勺。

[做法]

1. 排骨洗净，入锅中焯水；焯好水后，出锅洗净；炒锅放入油，烧至五成热，下排骨爆炒爆至表面微焦。
2. 放入料酒炒匀后，放大料、桂皮、姜和蒜，炒香，再放酱油炒匀。
3. 加水没过排骨，烧排骨时，将鹌鹑蛋煮熟剥壳，另起一锅，下两小碗食用油，烧至温热，下鹌鹑蛋炸；炸至表面金黄起虎皮即可出锅，大概 10 分钟左右。
4. 排骨烧了 40 分钟左右，就可以放入炸好的鹌鹑蛋了；继续烧 20 分钟，汤汁浓稠转大火收汁，将水分收干，撒上小葱末即可。

百合蒸南瓜

[食材]

南瓜 600 克，鲜百合 100 克。

[调料]

枸杞子、糖各适量。

[做法]

1. 将南瓜挖瓤去皮洗净，切片，纵向切成薄片，皮的方向朝下置于碗内（有助于保持瓜形）。
2. 将鲜百合洗净后放入南瓜中，加入糖、枸杞子，放入蒸笼蒸熟。
3. 将碗内的南瓜倒扣在碟子上，将碗拿开即可。

芥末红椒拌木耳

[食材]
木耳 30 克，红椒 40 克。
[调料]
香菜 5 克，糖 1/2 勺，芥末少许，醋 2 勺，生抽 1 勺，香油少许，盐、鸡精各适量。
[做法]
1. 木耳泡发洗净。
2. 红椒洗净，切成丝，香菜洗净，切成段。
3. 取一个小碗，放入糖、芥末、醋、生抽、盐、鸡精，滴点香油调开。
4. 将木耳掐去根部，洗净并掰成小朵，放入开水锅里焯 1 分钟后捞出过凉水。
5. 将调味汁倒入装木耳的碗里，加上红椒、香菜拌匀即可。

腊肉豆腐小油菜

[食材]
北豆腐 200 克，小油菜 150 克，腊肉 75 克，豆豉 2 勺，蒜苗 300 克，红椒丁少许。
[调料]
盐适量，鸡精 1 小勺，酱油 1/2 勺。
[做法]
1. 将腊肉洗净，上锅蒸 15 分钟，然后切成片。
2. 把小油菜洗净，剥成单叶，把蒜苗洗净，去头后切成段；将北豆腐洗净后，切成小方片。
3. 锅中倒入油，油温至六成热的时候，放入豆腐煎成金黄色，然后捞出，沥干油。
4. 锅内留少许底油，油温至八成热的时候放入腊肉，翻炒后加入红椒丁、蒜苗、豆豉、小白菜和豆腐。最后加入盐、鸡精、酱油翻炒均匀即可。

茶树菇烧肉块

[食材]
茶树菇 1 把，猪肉 1 块，青、红椒适量。
[调料]
盐、鸡精适量，酱油 1 勺，糖 1 勺，葱 1 棵。
[做法]
1. 将茶树菇和葱洗净，切成段；猪肉用开水氽烫后切成块；青、红椒洗净，切成丝。
2. 锅内油烧热后，加入糖熬出糖色，倒入猪肉翻炒，然后加入热水。
3. 待猪肉煮至八成熟的时候，加入茶树菇、葱、青椒和红椒、酱油、鸡精、盐，大火收汁，将猪肉完全煮熟即可。

红煎海虾

[食材]

海虾 15 只，干辣椒适量，装饰菜叶少许。

[调料]

盐、鸡精适量，豆豉 3 勺，胡椒粉 1 勺，大蒜 1 块，姜 1 小块，葱 1 棵。

[做法]

1. 蒜剁成蒜茸，姜切成末，葱切成葱花。
2. 将海虾、干辣椒放在热油中煎香。
3. 然后加入蒜茸、豆豉泥、姜末、葱花、少量开水，用盐、鸡精调味，水开后，加上装饰菜叶即可。

鲜花鱼肚

[食材]

鲜鲤鱼肚 450 克，西蓝花 150 克，鲜草菇 25 克。

[调料]

葱、姜末各 8 克，青、红尖椒各 10 克，玫瑰露酒 2 勺，盐适量，味精 1/2 勺。

[做法]

1. 将鲤鱼肚用刀尖挑破，将其中的空气放净。
2. 将鱼肚放入水中冲洗干净，放入玫瑰露酒和清水浸泡 20 分钟，取出后改刀成菱形块。
3. 锅内放入色拉油，烧至三成热时，放入鱼肚小火浸炸 5 分钟后取出控油；西蓝花切成一个个块，放入沸水中大火氽两分钟后取出；草菇洗净，去蒂后切成鱼肚一样大小的菱形块，放入沸水中大火氽两分钟出锅。
4. 锅内放入色拉油，烧至七成热时，放入葱、姜末煸炒出香，加入鱼肚、草菇、青、红尖椒片翻炒两分钟，用盐、味精调味后出锅。将炒好的鱼肚摆放呈圆形，四周围上氽好的西蓝花即可。

腌鱼块

[食材]

腌鱼 1 条。

[调料]

姜汁 3 克，蒜苗 15 克，盐适量，白酒 1 杯。。

[做法]

1. 先把鱼肚子里填的作料挖出放一边，再把鱼鳞剥下，切块。
2. 用姜汁、白酒、盐将鱼块腌制半天。
3. 撒上蒜苗上锅蒸熟，然后去掉蒜苗即可。

豆腐烧鲫鱼

[食材]
鲜活鲫鱼 1 条，豆腐 100 克，香菜叶少许。
[调料]
郫县豆瓣 3 勺，红辣椒粉 50 克，花椒粉、花椒、水淀粉各 10 克，姜 6 克，蒜 8 克，蒜苗 20 克，味精、料酒各 1/2 勺，盐适量。
[做法]
1. 鲫鱼去鳞剖杀洗净，鱼身两面各斜剖三刀，抹一点盐待用；郫县豆瓣用刀铡细；姜洗净，切成片；蒜切成小片；蒜苗洗净，切成段。
2. 豆腐切成 6 厘米长、3 厘米宽、1 厘米厚的长方块，用开水煮 5 分钟，移至小火上待用。
3. 炒锅下油烧至六成热，下鲫鱼两面煎黄起锅；炒锅洗净，下油烧至五成热，下郫县豆瓣、姜片、蒜片、花椒、红辣椒粉，炒出红油香味，掺汤再放入鱼、豆腐、料酒、味精、蒜苗同烧入味。用筷将鱼夹出放在大窝盘内，锅内下水淀粉勾芡，然后将豆腐淋在鱼面上，撒上花椒粉、香菜叶即可。

西红柿拌苦瓜

[食材]
苦瓜 100 克，西红柿 50 克，柠檬 5 克。
[调料]
盐适量，醋、蜂蜜各 1 勺。
[做法]
1. 西红柿切成片，苦瓜去瓤切成丝。
2. 把苦瓜用开水氽烫后过凉水凉凉。
3. 将盐、醋、蜂蜜调成调味汁，挤入柠檬汁。
4. 把西红柿、苦瓜和拌好的调味汁搅拌均匀即可。

橙汁甜味什锦

[食材]
红薯 50 克，芹菜 10 克，胡萝卜 30 克，面粉 100 克，淀粉 1/3 勺。
[调料]
橙汁 100 克。
[做法]
1. 将红薯蒸熟，去皮碾成泥糊状，加入 1/3 面粉，搅拌均匀后握成丸子状。
2. 剩下的面粉加入水，和成面团，也握成丸子状。
3. 将红薯丸、面丸用开水煮熟，捞出沥干水分；芹菜切段，胡萝卜切片。
4. 将橙汁煮开，加入淀粉，勾芡，倒入面丸、红薯丸、芹菜、胡萝卜，将汤汁煮开即可。

西红柿杂烩

[食材]
日本豆腐 50 克，金华火腿、冬笋、油菜、西红柿各 100 克。
[调料]
鸡蛋 1 个，淀粉、盐、味精各适量。
[做法]
1. 鸡蛋打散，加少许淀粉搅拌均匀备用。
2. 火腿、冬笋、西红柿均切片备用。
3. 日本豆腐去皮，把加好淀粉的鸡蛋倒入日本豆腐中，小心摇匀。
4. 锅内放油，八成热的时候，转小火，把豆腐倒入锅小心煎熟，出锅。
5. 另起锅，待油热后，加入火腿、冬笋、西红柿、油菜翻炒；菜熟后，加入日本豆腐、盐及味精即可。

什锦肉丝

[食材]
里脊 300 克，青、红尖椒 100 克，山药 100 克。
[调料]
料酒 1/2 勺，白胡椒粉少许，生抽、淀粉各 1 勺，盐适量。
[做法]
1. 里脊洗净，逆着纹路切成细丝，用料酒、白胡椒粉、生抽、淀粉、色拉油拌匀，腌渍 5 分钟。
2. 尖椒、山药全部洗净切丝，用开水氽烫后捞出，过凉沥干。
3. 锅内油热后，将肉丝下过翻炒，放盐翻炒至肉熟盛出。
4. 将胡萝卜丝、青笋丝、山药丝在盘中摆好，放入炒好的肉丝即可。

香煎三文鱼

[食材]
三文鱼 1 大块，圣女果 1 粒，豌豆苗少许。
[调料]
盐适量，蒜 5 瓣。
[做法]
1. 用厨房专用纸巾吸干三文鱼块表面的水分，两面均匀抹一点盐，腌渍 20 分钟。
2. 圣女果和豌豆苗洗净；蒜洗净，切成末。
3. 不粘锅上刷一层薄油，中火把三文鱼块煎至两边金黄，切小块放盘子上。
4. 用剩下的鱼油把蒜炒香，放入圣女果，稍翻炒后，和豌豆苗一起摆在三文鱼块上即可。

蜜拌鲜藕

[食材]

莲藕 1 段。

[调料]

糖 3 勺，蜂蜜 2 勺，香油 1 勺，姜 1 小块。

[做法]

1. 将藕洗净，去皮，剖开切成片，用水洗净后，经开水烫一下捞出，用凉水冲，然后控干水分，盛入盘中。
2. 姜洗净，去皮切末。
3. 锅内加香油烧热，放姜末，烹入醋，加蜂蜜、糖和水，烧制片刻，浇在藕上即可。

水煮冬笋

[食材]

冬笋 300 克，胡萝卜丝少许。

[调料]

盐适量，鸡精、海鲜酱油各 1 勺，糖 1/2 勺。

[做法]

1. 将冬笋洗净，去皮，切成大块。
2. 把盐、鸡精、海鲜酱油、糖搅拌均匀，调成酱汁。
3. 将冬笋块用开水煮熟。
4. 将冬笋块捞出，沥干水分后，淋上酱汁，撒上胡萝卜丝即可。

水煮毛豆

[食材]

毛豆 1 把。

[调料]

盐适量，大料 1 粒，陈皮 1 块。

[做法]

1. 将毛豆洗净，沥去水分。
2. 将毛豆、大料、陈皮加入水，煮 30 分钟。
3. 焖半天入味即可。

腊肉香干煲

[食材]

香干250克，腊肉（生）150克，冬笋、蘑菇各100克，干辣椒5克，小葱段少许。

[调料]

盐适量，糖1勺，大葱10克，姜2克，高汤适量。

[做法]

1. 腊肉洗净，切薄片，香干切斜刀块，姜、冬笋、蘑菇切片，葱打结。
2. 取一小号陶瓷煲，将干辣椒、香干、冬笋、蘑菇片依次放入煲内。
3. 香干在最下层，上面整齐排列腊肉片，放上葱结、姜片，加入适量的高汤、盐、糖。
4. 烧沸后加盖，小火焖20分钟；拣去葱结、姜片，撒上小葱段即可。

豆腐皮卷芦笋

[食材]

豆皮2张，芦笋100克。

[调料]

香葱2克，香菜5克，蒜末、姜末各3克，甜辣酱1/2勺，盐、烤肉酱、蚝油各适量，辣椒粉、孜然粉、白芝麻各10克。

[做法]

1. 鲜芦笋洗净，切成小段，豆皮切成正方形，香菜和香葱洗净，切成段。
2. 将炒好的芦笋、香葱、香菜放入豆皮的对角线上，然后卷成卷，穿在竹签上。
3. 碗中倒入甜辣酱、烤肉酱、蚝油、蒜末、姜末，调匀做成酱料。
4. 将卷好的豆皮卷放入平底锅中，煎成两面金黄色即可盛出；接着在豆皮卷上刷好酱，撒上辣椒粉、孜然粉、白芝麻即可。

芦笋馅煎鸡蛋

[食材]

鸡蛋5只，芦笋2根，牛奶1杯，胡萝卜1片。

[调料]

盐适量，黄油2勺，奶油4勺。

[做法]

1. 将芦笋、胡萝卜洗净，切丁，用黄油炒透，放入奶油调匀，微沸后，放盐调剂口味，制成芦笋馅待用。
2. 将鸡蛋磕在碗内，打散，放入牛奶、盐调匀，成鸡蛋糊，加入芦笋馅搅拌均匀。
3. 煎盘内放入植物油，烧热后倒入鸡蛋糊，用文火摊成圆饼即可。

山西炖土鸡

[食材]

土鸡 300 克，香菇、滑子菇、草菇各 30 克，竹笋 20 克，泡椒、朝天椒各 10 克，香葱段少许。

[调料]

姜 5 克，胡椒 1 克，味精、鸡精、盐各适量。

[做法]

1. 香菇、滑子菇、草菇、竹笋用水洗净。
2. 把香菇、滑子菇、草菇、竹笋、土鸡、泡椒、朝天椒、姜一起放入炖盅，加入水，大火烧开，去浮沫。
3. 加入各种调料，转小火继续炖 45 分钟左右，撒上香葱段即可。

豆腐拌什锦

[食材]

豆腐皮 200 克，菠菜 1 棵，海蜇 1 片，白菜 2 片，粉丝 1 小把，红椒丝少许。

[调料]

盐、鸡精适量，香油、辣椒油、酱油、醋各 1 勺，糖 2 勺，姜汁 1 勺。

[做法]

1. 豆腐皮、海蜇切成细丝，用开水连续焯两次，再用凉开水浸泡，捞起沥干；粉丝洗净，泡软后煮熟捞出；菠菜、白菜洗净切丝，用开水汆烫。
2. 所有食材摆放在一起，放入姜汁、糖、盐、醋、酱油、鸡精、辣椒油、香油拌匀装盘即可。

肉末茄丁

[食材]

长茄子 500 克，肉末 50 克，木耳 15 克。

[调料]

青笋 150 克，葱、姜、蒜末、盐各适量，糖 1/2 勺，料酒 1 勺，生抽 2 勺。

[做法]

1. 茄子洗净，切丁，木耳泡发切成小块备用，青笋去皮切丁备用；把切好的茄子放入微波炉中高火加热 4 分钟，取出适当拌一下再加热 2 ~ 3 分钟。
2. 调好一碗料汁，加入盐、糖、料酒、生抽、清水调制均匀。
3. 锅中倒入适量的炒菜油，放入葱、姜、蒜末炒香锅底；然后再放入肉末炒至变色后，放入木耳和青笋丁，快速翻炒。
4. 再放入茄丁大火翻炒，炒至茄丁变软，淋入调料，翻炒至匀出锅即可。

胡萝卜杂煮

[食材]
冬笋400克，面筋200克，扁豆10克，胡萝卜50克，木耳15克。
[调料]
盐适量，鸡精、酱油各1勺，糖1/2勺。
[做法]
1. 将冬笋、胡萝卜洗净，去皮后切成块。
2. 木耳洗净，用凉水泡发后撕成小朵；扁豆洗净，切成段。
3. 将冬笋、胡萝卜、木耳、扁豆放入砂锅，倒入水，待水煮开后转成小火炖20分钟。
4. 最后加入面筋、盐、鸡精、糖、酱油煮至面筋变软即可。

鲍汁火鸡筋

[食材]
鲜芦笋、魔芋丝各150克，水发火鸡筋200克，枸杞子5克。
[调料]
火腿汁3勺，高汤2碗，鲍汁3勺，生抽、酱油各2勺，蚝油1勺。
[做法]
1. 将鲜芦笋飞水过凉后酿入发好的火鸡筋中，放入深盘中。
2. 加入1.5碗热高汤（高汤要加适量鸡精调味，并烧热，这样入味更快，用量要没过火鸡肠）和魔芋一起入蒸笼小火蒸20分钟让其入味，取出后，沥去汤汁，将火鸡筋卷好摆放在玻璃盘中。
3. 锅内放入半碗高汤，烧开后加入鲍汁、生抽、酱油、上等蚝油、火腿汁调味，勾芡，淋在盘中，将枸杞子码放在魔芋中点缀即可。

酸辣汤

[食材]
豆腐300克，猪血50克，竹笋15克，胡萝卜30克，金针菇、水发黑木耳各15克，香菜叶少许。
[调料]
淀粉适量，香油2勺，胡椒粉、辣椒粉各10克，醋1勺，盐适量。
[做法]
1. 豆腐切成条状；猪血切成薄片；水发黑木耳泡好，洗净，切丝；竹笋、胡萝卜洗净切丝；金针菇洗净，切去根部剥开。
2. 往锅内倒入一大碗水，煮开，加入切好的材料（豆腐除外）、精盐、辣椒粉续煮至再开时，用水淀粉勾芡拌匀，熄火前放入豆腐条、猪血片稍煮，再加入胡椒粉、醋、香油，撒上香菜叶即可。

西芹炒肉丝

[食材]
西芹 100 克，猪里脊 30 克，红椒 10 克。
[调料]
蒜 2 克，盐适量，鸡精、酱油各 1 勺，料酒 1/2 勺。
[做法]
1. 将猪里脊洗净，在开水中氽汤后捞出凉凉，切成丝。
2. 西芹洗净，去掉叶子和根部，切成丝；红椒洗净切成丝；蒜洗净，切成片。
3. 将猪里脊用酱油、盐、料酒腌渍 10 分钟。
4. 锅内倒入油，待油烧至八成热的时候，放入蒜、猪里脊翻炒，然后加入西芹丝、红椒丝、鸡精翻炒即可。

凉拌香椿苗

[食材]
香椿苗 800 克。
[调料]
糖、生抽各 1/2 勺，醋 1 勺，盐、橄榄油适量。
[做法]
1. 香椿苗洗净焯水后用凉水过凉，淋干水分待用。
2. 其余各种配料根据自己的口味拌好。
3. 将拌好的配料倒入香椿苗拌匀，放入适量橄榄油即可。

红烧鲫鱼

[食材]
鲫鱼 1 条，肥瘦猪肉 50 克。
[调料]
姜 2 克，白皮大蒜 4 克，大葱 5 克，糖、料酒、豆瓣酱、酱油、醋各 1/2 勺，味精适量。
[做法]
1. 将鲫鱼去鳞、腮及内脏，洗净后立即将鱼抹干。
2. 在鱼身两面划几刀，刀口深达鱼骨。
3. 油锅放油加热，油将沸时放入鲫鱼，待两面金黄时取出。
4. 原锅中放入生猪肉末炒散后，加入豆瓣酱、姜末、蒜末，炒几下，将鱼重新放入，加入料酒、酱油、糖，并加一些清水（以淹没鱼身为度），用小火烧炖，直至汁将尽时，盛入盘内；将葱、味精、醋搅匀，浇在鱼身上即可。

PART 3

聪明健康的婴幼儿餐

海鲜豆腐羹

[食材]

豆腐 150 克，牛肉、西红柿各 50 克，香菇少许。

[调料]

葱 1 克，木耳 30 克，笋丝少许，牛肉汤 2 碗，盐适量，味精、料酒各 1/2 勺。

[做法]

1. 将豆腐去掉外部表皮，切成条，用开水焯过备用；牛肉切成丝。
2. 将牛肉汤往入炒锅中，开锅后去掉泡沫，加入料酒、盐、味精，然后将豆腐放入，开锅后加入牛肉丝、西红柿、香菇、木耳、笋丝，拌匀后，盛入汤碗中，撒上葱丝即可。

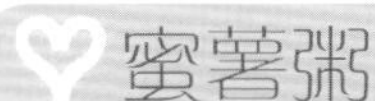

蜜薯粥

[食材]

红薯 300 克，大米 50 克。

[调料]

无

[做法]

1. 将红薯洗净，去皮后切成块。
2. 把大米洗净，倒入开水中熬煮。
3. 在水再次滚开后，放入红薯。
4. 最后将红薯煮熟，大米熬烂即可。

西红柿浇汁南豆腐

[食材]

南豆腐 70 克，芹菜、圣女果各少许。

[调料]

番茄酱 4 勺。

[做法]

1. 南豆腐取出码入盘中。
2. 将自制番茄酱淋在豆腐上，撒上芹菜叶和圣女果即可。

海鲜粥

[食材]

白饭 200 克，虾仁 80 克，中卷 100 克，蛤蜊 120 克，鲷鱼片 30 克，芹菜末 20 克，螃蟹 1 只。

[调料]

姜丝少许，米酒、鸡精各 1 勺，白胡椒粉 10 克，高汤半碗，米酒 1/3 勺，盐适量。

[做法]

1. 白饭放入滚水中煮两分钟，捞起冲冷水备用，螃蟹处理好。
2. 虾仁去泥肠，中卷洗净切花，分别入滚水汆烫；蛤蜊加盐泡冷水；鲷鱼片加腌料抓匀切片备用。
3. 将高汤煮滚，放入白饭后，转小火煮 30 分钟，加入虾仁、螃蟹、中卷、蛤蜊、鲷鱼片和姜丝，待高汤再度煮开，放入剩余调味料，起锅时加入芹菜末即可。

色拉土豆泥

[食材]

土豆 2 颗，樱桃 1 颗。

[调料]

色拉酱 1 勺。

[做法]

1. 土豆洗净，上笼蒸熟。
2.去皮，捣成泥，做出造型。
3.然后浇上色拉酱，装饰上洗净的樱桃即可。

杏脯牛奶粥

[食材]

大米 30 克，杏脯 20 克，牛奶 1/3 杯。

[调料]

无

[做法]

1. 将大米洗净，泡在水中 10 ~ 20 分钟。
2. 锅内倒入 2 碗水，待水烧开后放入大米。
3. 待水再次滚开后，转成小火熬煮。
4. 在大米快煮好的时候，倒入牛奶和杏脯微煮即可。

红豆糯米糕

[食材]
红豆 100 克，牛奶半杯，糯米粉 200 克。
[调料]
糖 2 勺。
[做法]
1. 把红豆用水泡软。
2. 将泡软的红豆用小火煮熟，捞出沥干水分。
3. 将糯米粉、糖和牛奶搅拌成面糊，加入红豆，再搅拌均匀。
4. 将搅拌好的面糊倒入长方形的容器中，大火蒸 8 分钟，再转成小火蒸 20 分钟。凉凉后切成小块即可。

龙眼粥

[食材]
大米 100 克，干龙眼 5 克。
[调料]
无
[做法]
1. 将大米洗净，倒入开水中熬煮。
2. 待大米煮至半熟的时候，剥开龙眼的外壳，将龙眼肉倒入其中。
3. 最后将大米煮至软烂，龙眼肉因吸收了米汤的水分膨胀起来即可。

蜂蜜圣女果

[食材]
圣女果 200 克。
[调料]
蜂蜜 2 勺。
[做法]
1. 将圣女果码入碗中。
2. 淋上蜂蜜即可。

蜂蜜橙子马蹄杯

[食材]
橙子 250 克，马蹄 10 克，薄荷叶少许。
[调料]
蜂蜜 1 勺。
[做法]
1. 将橙子去皮，内瓤撕成小块。
2. 马蹄去皮，用开水煮一下，然后切成丁。
3. 将橙子和马蹄放在杯子中，倒入蜂蜜，装饰上薄荷叶即可。

荠菜豆腐羹

[食材]
荠菜 75 克，豆腐 200 克，香菇、竹笋、胡萝卜各 25 克，面筋 50 克，香菜叶少许。
[调料]
盐、淀粉各 1 勺，姜、香油各少许。
[做法]
1. 豆腐切成小丁；水发香菇切小丁；胡萝卜洗净，入开水汆熟后，切成小丁；荠菜洗净，去杂，切成细碎。
2. 竹笋煮熟后，和面筋一样，也切成小丁待用。
3. 炒锅下生油，烧至七成热，加鸡汤、盐、豆腐丁、香菇丁、胡萝卜丁、竹笋丁、面筋、荠菜，再加入姜末、味精。
4. 烧开后，用淀粉勾芡，出锅前淋上香油，装入大汤碗，撒上香菜叶即可。

虾皇豆腐羹

[食材]
豆腐 100 克，鲜虾仁 50 克，香菇 20 克，鸡蛋 2 个，小葱末少许。
[调料]
香葱 1 克，盐适量，料酒、香油各 1/2 勺。
[做法]
1. 豆腐搅打成泥状，香菇泡发，鸡蛋打入豆腐泥中，搅拌均匀。
2. 虾仁切丁，泡发的香菇切成丁，倒入豆腐泥中；调入盐、料酒，彻底搅拌均匀。
3. 将豆腐泥盛入碗中，放入蒸锅中大火蒸约 10 分钟。
4. 出锅后，在表面撒少许香葱，加入香油，撒上小葱末即可。

酸奶蛋糕

[食材]
低筋面粉、淀粉各 2 勺，鸡蛋 8 个，酸奶 2 杯。
[调料]
醋、糖各适量。
[做法]
1. 蛋白放入干净的无水无油的容器里，加适量糖和醋打至硬性发泡。
2. 酸奶放入两大勺的白糖搅拌至顺滑，加入蛋黄，搅拌均匀。
3. 把低粉和淀粉过筛，放入酸奶蛋黄里，拌至无颗粒状，把蛋白糊放入蛋黄糊里，翻拌均匀。
4. 将面粉糊倒入蛋糕模里，用力震几下，震出大气泡，烤箱内置一放热水的烤盘，一起预热，把蛋糕模放入烤盘里烤 5 分钟，然后把温度调低，烤 10 分钟，至蛋糕成熟即可。

莲栗糯米糕

[食材]
面粉 500 克，莲子、鲜板栗、核桃各 60 克，干桂花 15 克，发酵粉适量。
[调料]
白糖 2 勺。
[做法]
1. 将核桃肉、莲子、板栗仁煮熟去皮，压碎为糕粉。
2. 糯米粉、发酵粉加水调和均匀。
3. 将糕粉、糯米细粉与白糖拌匀。
4. 撒入桂花，放入碗内，上笼蒸 1 ~ 2 小时至熟透，取出即可。

鸭茸奶油蘑菇汤

[食材]
鸭肉 100 克，鲜草菇 250 克。
[调料]
蛋黄 1 个，黄油 20 克，鲜奶油 100 克，面粉 1 勺，鸡汤、盐、胡椒粉各适量。
[做法]
1. 将鸭胸肉剁成茸；草菇洗刷干净，切成片。
2. 锅里放黄油，把鸭茸和鲜草菇放在热黄油里翻炒，撒上面粉，倒入鸡汤，盖上锅盖煮 15 分钟。
3. 把鲜奶油和蛋黄放在一个汤碗里搅拌，然后慢慢地把做法 2 中的汤倒入，搅拌均匀。
4. 在汤里加盐和少量的胡椒粉，再放回火上烧几分钟（不要煮沸），把汤重新倒回汤碗里，即可。

芦荟果冻

[食材]
芦荟 300 克，琼脂 5 克。
[调料]
糖 1 勺。
[做法]
1. 将芦荟洗净去皮，切成小丁。
2. 琼脂用凉水泡 5 分钟。
3. 把琼脂用开水煮化，加入糖搅拌均匀。
4. 把芦荟丁放入容器中，然后倒入琼脂水，等琼脂水凝固即可。

蒸年糕

[食材]
年糕 100 克。
[调料]
番茄酱适量。
[做法]
1. 将年糕蒸熟。
2. 刀子抹上凉水，将年糕切成片，淋上番茄酱即可。

生滚海鲜粥

[食材]
粳米 200 克，基围虾 30 克，鲈鱼 50 克，螃蟹 100 克。
[调料]
芹菜 30 克，盐、胡椒各适量。
[做法]
1. 将鲈鱼洗干净，切成小片；基围虾洗净去头；螃蟹洗净剁碎；芹菜去根去叶留茎，斜切成丝；粳米洗净用清水浸泡。
2. 将浸泡好的粳米加入清水锅中，大火烧开。
3. 向锅内加入鲈鱼、基围虾、螃蟹及少许盐，搅拌一下，锅开后加入芹菜丝。
4. 加点盐和胡椒调味即可。

蜂蜜牛奶香蕉果汁

[食材]
牛奶半杯，香蕉 400 克。
[调料]
蜂蜜 1/2 勺。
[做法]
1. 将牛奶温热，倒入榨汁机中。
2. 香蕉去皮，切成块后也放入榨汁机。
3. 选择搅拌功能，将香蕉搅碎，和牛奶充分搅拌在一起。
4. 最后倒入蜂蜜即可。

杏仁蛋糕

[食材]
无糖豆浆 250 克，中筋面粉 220 克，杏仁粉 30 克。
[调料]
泡打粉 5 克，糖 2 勺，杏仁片适量。
[做法]
1. 取一钢盆，倒入无糖豆浆和细糖用直型打蛋器拌匀，然后加入油拌匀。
2. 取中筋面粉、泡打粉、杏仁粉一起过筛后，加入做法 1 拌匀成面糊。
3. 模型涂油撒粉，将多余的粉倒出，底部先撒些杏仁片。
4. 将做法 2 的面糊倒入做法 3 的模型中，上面撒上杏仁片，再放入烤箱以上、下火 200 摄氏度烤焙约 30 分钟即可。

凉拌青笋

[食材]
青笋 200 克，黑芝麻，红椒各许。
[调料]
花椒 10 克，米醋 1 勺，盐适量，味精 1/4 勺，香油 1/2 勺。
[做法]
1. 青笋去皮洗净，切成细丝，红椒切圈。
2. 锅中倒入 2 大勺油，加热至五成热，倒入花椒，小火炸香，至花椒颜色变暗时关火，过滤掉花椒粒不要，留花椒油。
3. 将青笋丝、放入一个大碗中，先调入适量香油和两小勺花椒油拌匀，接着调入米醋、盐、味精，拌匀，撒上黑芝麻即可。

蓝莓山药泥

[食材]

山药 200 克。

[调料]

蓝莓果酱、鲜奶油、彩糖棒各适量。

[做法]

1. 山药洗净，切段，连皮入蒸锅蒸 20 分钟后取出去皮。
2. 将去皮的山药稍入凉后，放入密封袋，封好口，用擀面棒擀成泥。
3. 取出放入容器，加入少许鲜奶油，拌匀，在盘内堆成塔状。
4. 淋适量蓝莓果酱在山药泥上，再撒上少许彩糖棒即可。

醋熘娃娃菜

[食材]

娃娃菜 100 克。

[调料]

醋 1/2 勺，红辣椒 5 克，豆豉 3 克，淀粉 10 克，盐适量。

[做法]

1. 娃娃菜切片，红辣椒结圈。取一小碗，调入醋、盐、酱油、红辣椒、豆豉、淀粉搅拌均匀。
2. 锅热油，放入娃娃菜炒至出水，倒入调味汁，顺时针方向搅炒至均匀即可。

腌圣女果

[食材]

圣女果 200 克，海带 5 克，辣椒 2 克。

[调料]

盐适量。

[做法]

1. 将辣椒去蒂、去子后切成块。
2. 把辣椒和海带用油炒一下，加水煮开后加入盐。
3. 待汤汁温热后，加入去掉蒂的圣女果，腌渍两个小时即可。

蜂蜜小米粥

[食材]
小米 50 克，枸杞子少许。
[调料]
蜂蜜 1 勺。
[做法]
1. 将小米、枸杞子洗净。
2. 把小米、枸杞子加入水，用大火煮开，转成小火熬烂。
3. 食用的时候淋上蜂蜜，搅拌均匀即可。

红花糯米粥

[食材]
糯米 100 克，当归、干藏红花各 10 克，丹参 15 克。
[调料]
无
[做法]
1. 将红花、当归、丹参一起煎，去渣取汁。
2. 加入米煮成粥即可。

粗粮米粥

[食材]
玉米渣、枸杞子、小米各 30 克。
[调料]
无
[做法]
1. 将玉米渣、小米、枸杞子分别淘洗干净。
2. 锅内加入 2 碗水，水开后放入玉米渣、小米。
3. 待水再次滚开后，将火转成小火，熬煮 20 ~ 30 分钟。
4. 最后在起锅前 5 分钟，放入枸杞子即可。

红豆糕

[食材]
红豆 250 克，沸水 2 碗，水 1/4 碗，澄面粉 20 克，黏米粉 30 克。

[调料]
糖 5 勺。

[做法]
1. 红豆冲净，拣去杂物，用冷水浸两小时，沥水。将两种干粉搅拌均匀。
2. 在深锅内放入红豆，加沸水 4 杯，盖好，大火热 5 分钟。待水烧开后，改用中火煮 40 分钟，再用大火热 20 分钟。这时锅内水分约有 1 杯，滗出豆汁，红豆留用。
3. 大碗内加 1/2 杯水与黏米粉及澄面和匀，加入滗出的红豆汁 1 杯。将糖加入红豆内并搅拌至溶化，再慢慢注入粉浆，不停搅拌至均匀。
4. 将红豆糕糊倒进已涂油的长盘内，用胶膜包紧，四角盖以铝箔，哑面向外；将糕盘放置在接近转盘边沿处，大火热 8 分钟，将糕盘的位置转移 180 度，继用中火热 7 分钟，搁置待冷却后切块食用即可。

蜜汁香蕉色拉

[食材]
香蕉 300 克。

[调料]
蜂蜜 1 勺。

[做法]
1. 把香蕉剥去皮，切成片。
2. 将香蕉摆在盘子中，淋上蜂蜜即可。

糯米豆沙糕

[食材]
糯米粉 100 克，黏米粉 50 克。

[调料]
红豆沙适量。

[做法]
1. 将糯米粉、黏米粉稍微拌匀，加入油和放凉的水，揉成糯米团。
2. 盘子刷油，取一小份糯米团，搓成小圆球，再压扁，捏成圆片，包上适量红豆沙，捏好封口，排上盘子。
3. 锅内烧开一锅水，将包好的糯米团放到蒸格上，中火蒸 20 分钟即可。

虾仁鸡蛋卷

[食材]

鸡蛋 5 个，虾仁 90 克。

[调料]

小葱少许，淀粉 1/2 勺，盐适量。

[做法]

1. 将鸡蛋加入盐、淀粉打散。
2. 虾仁、小葱洗净，切碎，打入鸡蛋中。
3. 锅内倒入油，待油烧至七成热的时候，缓慢均匀地倒入蛋液。
4. 当蛋液底部微熟的时候，将蛋皮叠起，然后再叠起，直至蛋皮叠成长条状，最后将蛋条切成合适的大小即可。

糯米糕

[食材]

糯米粉 125 克，澄面 25 克。

[调料]

热水半杯，凉水 1 勺，豆沙适量。

[做法]

1. 将半杯热水冲入到澄面里，搅拌成均匀透明的澄面糊。
2. 将澄面糊、糯米粉、油，还有 1 勺凉水全部放在一个容器里，揉成糯米团。
3. 糯米团分成小份，包上豆沙馅，收口，压到模型中，按平整，脱模，排到已经刷好油的盘子上；模型最好事先涂油，便于脱模。也可以不用模型，直接捏成团收口即可。
4. 烧一锅水，将装好糯米团的盘子放到蒸架上，中火 11 分钟左右即可。

果蔬色拉

[食材]

卷心菜 5 克，黄瓜 100 克，圣女果 20 克，菠萝 30 克。

[调料]

色拉酱 2 勺。

[做法]

1. 将卷心菜洗净，铺在盘子底部。
2. 黄瓜洗净，去皮，然后切成小块，把圣女果洗净，切成两半。
3. 菠萝用盐水稍微腌一下，然后也切成小块。
4. 将黄瓜、圣女果、菠萝放在卷心菜上面，最后根据自己的口味淋上色拉酱即可。

蜜蒸南瓜

[食材]
南瓜 300 克。
[调料]
蜂蜜 1 勺。
[做法]
1. 将南瓜洗净，去皮、子后，切成菱形的块。
2. 把南瓜蒸 15 ~ 20 分钟。
3. 最后将蜂蜜淋在上面即可。

桃汁

[食材]
水蜜桃 250 克。
[调料]
蜂蜜 1 勺。
[做法]
1. 将水蜜桃洗净，去掉皮和核，切成小块。
2. 将水蜜桃、凉开水倒入榨汁机中，榨成汁。
3. 最后加入蜂蜜即可。

什锦水果拼

[食材]
苹果 250 克，香蕉、橙子各 200 克，西瓜 150 克，樱桃 50 克。
[调料]
无
[做法]
1. 将香蕉、西瓜去皮。
2. 把苹果、香蕉、西瓜、橙子切成块。
3. 将所有水果码在盘中即可。

什锦豆浆

[食材]
黄豆 100 克，花生 125 克。
[调料]
糖 1 勺。
[做法]
1. 将黄豆和花生洗净，泡开后剥去皮。
2. 把黄豆和花生用豆浆机打成豆浆。
3. 将打好的豆浆兑入水，用大火煮开，撇去浮沫。
4. 然后用小火煮 30 分钟即可。

果香芦荟蜜条

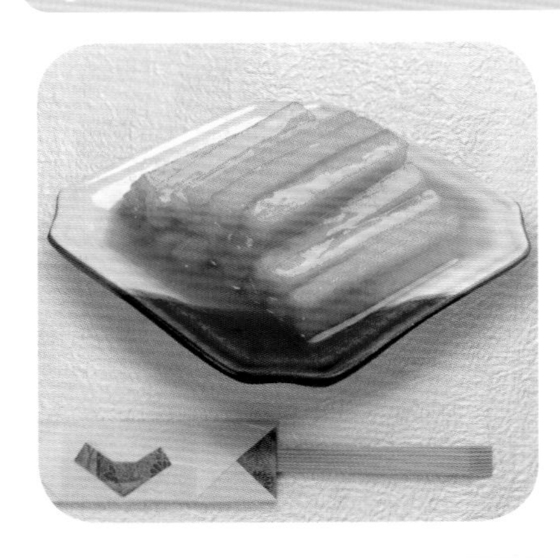

[食材]
芦荟 300 克，果汁 100 克。
[调料]
蜂蜜 1 勺。
[做法]
1. 将芦荟洗净，去皮，切成长条。
2. 然后将芦荟条之间留些空隙，然后浸泡在果汁中。
3. 腌渍半天的时间，在吃的时候淋上蜂蜜即可。

蜂蜜胡萝卜牛奶

[食材]
胡萝卜 50 克，牛奶半杯。
[调料]
蜂蜜 1 勺。
[做法]
1. 将胡萝卜洗净，去掉皮厚切成块。
2. 把牛奶温热。
3. 把胡萝卜和牛奶一起倒入榨汁机中榨成汁。
4. 最后加入蜂蜜即可。

番茄汁

[食材]
西红柿 200 克。
[调料]
无
[做法]
1. 将西红柿洗净，切块。
2. 在榨汁机中倒入 1 杯凉开水，然后放入西红柿榨成汁即可。

菠萝柠檬果汁

[食材]
菠萝 50 克，柠檬 40 克。
[调料]
糖 1/2 勺。
[做法]
1. 将菠萝洗净，去皮，切成小块，柠檬洗净，去皮。
2. 将菠萝、柠檬、凉开水倒入榨汁机中榨成汁。
3. 最后加入糖搅拌均匀即可。

牛奶苹果汁

[食材]
苹果 250 克，牛奶半杯。
[调料]
无
[做法]
1. 将苹果洗净，去掉皮和核，然后切成块。
2. 牛奶用微波炉加热到 80 摄氏度。
3. 在榨汁机中倒入牛奶，把苹果块放入榨成汁即可。

胡萝卜荸荠汤

[食材]
胡萝卜、荸荠各 200 克。
[调料]
竹叶、甘草、香菜各 3 克，糖 1/2 勺，盐适量。
[做法]
1. 胡萝卜、荸荠去皮洗净；胡萝卜切成块，荸荠一切两半。
2. 竹叶、甘草、香菜洗净备用。
3. 把胡萝卜、荸荠、竹叶、甘草放入锅中，加入适量开水，用大火煮沸，再改小火炖两小时。
4. 加入盐、糖调味后撒入香菜即可。

梅花汤饼

[食材]
干梅花 30 克，檀香 15 克，面粉 500 克。
[调料]
鸡汤 1 碗，盐适量。
[做法]
1. 梅花洗净，加入热鸡汤泡开。
2. 檀香煎汁，去渣取汁，汁和面粉混合均匀，和成面团，将面团擀片，做成馄饨皮状。
3. 用梅花形模子在皮子上凿取梅花形薄片。
4. 把梅花形薄片放入有梅花面片的鸡汤中煮熟，加入盐调味即可。

西红柿甜汤

[食材]
西红柿、面粉各 50 克。
[调料]
无
[做法]
1. 西红柿去皮切丁；面粉加入水，搅拌成面团，然后用水泡 30 分钟。
2. 锅内倒入水，待水烧开后，将面团挑散，下入锅内。
3. 面汤滚煮后，下入西红柿丁，煮至西红柿丁软烂即可。

PART 4

茁壮成长的青少年饮食

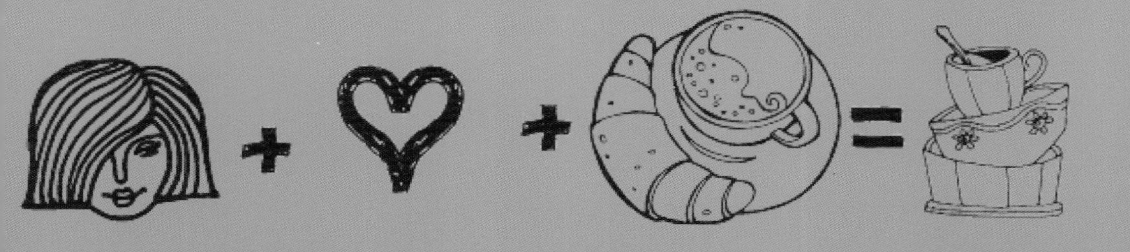

酸辣兔肉

[食材]
兔肉 300 克，干辣椒 1 把，花生 1/2 小把，淀粉 4 勺，鸡蛋 4 个，芝麻 1/5 碗，小葱段少许。

[调料]
盐、鸡精适量，料酒 1 勺，葱 1 段，姜 1 小块，酱油 1 勺，醋 2 勺，胡椒粉 1/3 勺。

[做法]
1. 将兔肉洗净，剁成块，放入热水中汆烫后沥去水分。
2. 将兔肉放入瓷碗内，用料酒、鸡蛋、淀粉、盐上浆搅拌。
3. 炒锅注油烧至五成热，将浆好的兔肉投入油中，炸至表面结壳时捞出，待油温九成热时，投入兔肉、干辣椒、花椒、葱、姜、花生复炸 1 次。
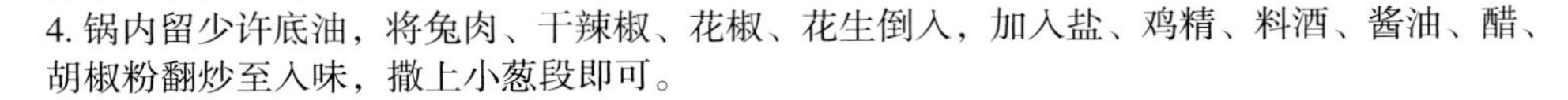
4. 锅内留少许底油，将兔肉、干辣椒、花椒、花生倒入，加入盐、鸡精、料酒、酱油、醋、胡椒粉翻炒至入味，撒上小葱段即可。

清炒莴笋

[食材]
莴笋 1 棵。

[调料]
盐适量。

[做法]
1.莴笋洗净，切长方形，用开水汆烫一下捞出。
2.将莴笋片中间划开，两头分别朝中央穿过，拧成花。
3.锅内油热后，倒入莴笋翻炒几下，加入盐即可。

烤猪肉

[食材]
里脊肉 100 克。

[调料]
盐适量，料酒 1/2 勺，酱油 1 勺，孜然粉 3 勺。

[做法]
1.将里脊肉切成片，抹上盐、料酒、酱油腌渍 10 分钟。
2. 用锡箔纸分别包住里脊肉片，放入微波炉中烤 10 分钟。
3. 去掉锡箔纸，撒上孜然粉即可。

尖椒肋排

[食材]

尖椒 10 克，猪肋排 600 克。

[调料]

盐适量，鸡精、酱油、蚝油各 1 勺。

[做法]

1. 将猪肋排洗净，放入开水中煮 20 分钟；尖椒洗净，去掉子。
2. 锅内倒入油，待油烧至八成热的时候，放入尖椒，炸透后捞出，剩余底油放入排骨翻炒，加入开水。
3. 水开后，加入盐、鸡精、酱油、蚝油转成小火炖。
4. 待汤汁基本上快收干的时候，转成大火，放入尖椒翻炒即可。

蟹粉蛤肉豆腐

[食材]

南豆腐 200 克，蛤肉 100 克，梭子蟹 80 克，小葱末 i 少许。

[调料]

葱 2 克，姜 1 克，太白粉 1 勺，盐适量。

[做法]

1. 将南豆腐洗净，切成小块，加入盐蒸熟。
2. 梭子蟹洗净蒸熟，将肉取出剁成肉泥，葱、姜洗净，切成片，把蛤肉洗净，切成小块。
3. 锅内倒入油，待油烧至八成热的时候放入葱、姜、蟹肉炒香，倒入开水再次滚开。
4. 把蛤肉、豆腐倒入滚开的汤汁中，加入盐调味。最后用太白粉勾芡，撒上小葱末即可。

脆炒小馒头

[食材]

馒头 100 克，香菇 4 克。

[调料]

蒜 4 克，盐适量，鸡精 1 勺。

[做法]

1. 将香菇洗净，用凉水泡开，然后沥干水分，切成丁，蒜洗净，切成蒜末。
2. 馒头切成丁。
3. 锅内倒入油，待油烧至八成热的时候倒入馒头、香菇、蒜末翻炒。
4. 待馒头炒至金黄色的时候，加入盐、鸡精即可。

烤猪肉串

[食材]
五花肉 1000 克。
[调料]
葱 1 克，盐适量，孜然、辣椒末各 1 勺。
[做法]
1. 将五花肉洗净，在开水中煮 10 分钟，捞出沥干水分，切成小块。
2. 将葱洗净，切成小段。
3. 将五花肉和葱串在竹签上，放在烤炉上烤。一边烤，一边撒上盐。
4. 将五花肉烤熟后，加上孜然、辣椒末调味即可。

海味杏鲍菇

[食材]
杏鲍菇 100 克，虾皮 10 克。
[调料]
葱花、盐各适量，大料 1 克，一品鲜酱油 1/2 勺，糖 1 勺。
[做法]
1. 油烧开，放入大料，爆香大料后，放入葱花翻炒，倒入杏鲍菇，翻炒。
2. 继而倒入一品鲜酱油，翻炒上色。
3. 加入水，漫过杏鲍菇即可，水开转小火加入糖。
4. 汤汁快收干时，加入虾皮、盐、糖，大火翻炒，出锅即可。

圣女果扇贝炒蛋

[食材]
圣女果 10 克，扇贝 200 克，鸡蛋 2 个。
[调料]
香葱 10 克，料酒 1.5 勺，盐、鸡精、糖、胡椒粉、香油各适量。
[做法]
1. 鸡蛋加 1 小勺清水，打散备用；圣女果洗净，对半切开；香葱切成末。
2. 扇贝去壳洗净，放沸水中加少许料酒滚几分钟，捞出沥干水分备用。
3. 鸡蛋、扇贝、葱花混合，加少许盐、鸡精、糖、胡椒粉搅拌均匀。
4. 热锅热油，倒入混合好的蛋糊，等蛋糊成形后，倒入圣女果，再炒一会儿，出锅前淋少许香油即可。

炸鲜虾

[食材]
虾 500 克，鲜芙蓉 20 克。
[调料]
蛋清 1 个，淀粉 2 勺，盐适量。
[做法]
1. 虾洗净取虾仁，横刨切开，用刀背拍松。
2. 鲜芙蓉洗净，切丝，放于虾背上。
3. 将虾裹上蛋清，蘸满淀粉。
4. 炸至金黄色即可。

糖醋烧猪排

[食材]
猪排骨 500 克。
[调料]
葱、姜、蒜各 10 克，盐、酱油各 1 勺，糖、醋、鸡精各适量。
[做法]
1. 将排骨剁成 4 厘米长的小节，洗净沥水，用厨房专用纸巾吸去表面水分。
2. 姜切片，蒜切片，葱白斜切成厚片。
3. 炒锅置大火上烧热，倒入油，烧至五成热时，调中火下入排骨段，炸 3 分钟，用筷子逐个翻面，再炸两分钟，各面呈焦黄色时，排骨中的水分也大部分干了。
4. 锅中加入盐、酱油、鸡精、姜片、蒜片，与排骨同炒，倒入没过排骨面的温水，大火烧开，改小火炖煮 30 分钟；排骨入味香软时，加糖、醋，大火收浓汁即可。

鸽蛋烧排骨

[食材]
猪小排 500 克，鸽蛋 200 克，小葱段少许。
[调料]
醪糟 3 勺，糖 5 勺，大料 3 克，老姜 5 克。
[做法]
1. 鹌鹑蛋洗净，入凉水锅煮熟；捞起放入一个装满凉水的碗里，剥壳待用；锅里放水，下小排飞水，撇去浮沫，捞起小排待用。
2. 锅里加入油，烧至六成热，将鹌鹑蛋入锅炸，炸至金黄色捞出备用，锅里留底油，加糖炒色。
3. 糖色炒至金黄色后，把飞好水的小排下锅，翻炒均匀；倒入醪糟，放大料和老姜，加足量热水，盖上锅盖大火煮沸，转小火烧 30 分钟左右。
4. 待锅中的水烧到还剩一半的时候，加入盐翻炒，中火烧 5 分钟，大火收汁，撒上小葱段即可。

葱姜炒螃蟹

[食材]

螃蟹 3 只。

[调料]

盐、鸡精适量，黄酒 7 勺，酱油 5 勺，香油各 1 勺，胡椒粉 1/2 勺，大葱 1 小把，姜 1 块，蒜 1 瓣。

[做法]

1. 把螃蟹腹部朝上放菜墩上，用刀按脐甲的中线剁开，揭去蟹盖，刮掉鳃，洗净，再剁去螯，每个螯都切成二段，再用刀拍破螯壳，然后将每个半蟹身再各切为四块，每块各带一爪，待用；葱切段，姜切丝，蒜剁泥。
2. 把炒锅烧热，放油烧至六成热，放下葱段，翻炒后，把葱段捞出。
3. 炒锅内略留油底，上灶爆炒姜丝、蒜泥和炸过的葱段，待出香味，下蟹块炒匀。
4. 加盖略烧，至锅内水分将干时，下猪油、香油、胡椒粉等，炒匀便可出锅。

人参炖乌鸡

[食材]

乌骨鸡 2500 克，猪肘 500 克，母鸡 1500 克，人参 100 克。

[调料]

盐适量，黄酒 1 勺，大葱 10 克，姜 4 克，味精 1/4 勺，胡椒粉 2 克，枸杞子少许。

[做法]

1. 将乌骨鸡和母鸡收拾干净，接着把人参用温水洗净。
2. 猪肘用刀刮洗干净，出水；葱切段；姜切片备用。
3. 砂锅置大火上，加清水，放入母鸡、猪肘、葱段、姜片、枸杞子，沸后撇去浮沫，小火慢炖，至母鸡和猪肘五成烂时，将乌骨鸡和人参倒入同炖。
4. 用盐、料酒、味精、胡椒粉调味，至鸡酥烂即可。

甲鱼煲羊排

[食材]

甲鱼 500 克，羊排 200 克，香菜少许。

[调料]

枸杞子 10 克，大葱 10 克，姜 4 克，盐适量，大料、胡椒粉各 2 克，味精、料酒各 1/4 勺。

[做法]

1. 将甲鱼宰杀，洗净。
2. 甲鱼去壳，去内脏，洗净。
3. 羊排切块，洗净血水，焯水。
4. 砂锅内放入甲鱼、羊排、大料、料酒、葱、姜、枸杞子，用大火烧沸后，改用小火炖两小时，加盐、味精、胡椒粉调味，撒上香菜即可。

牛奶炖卷心菜

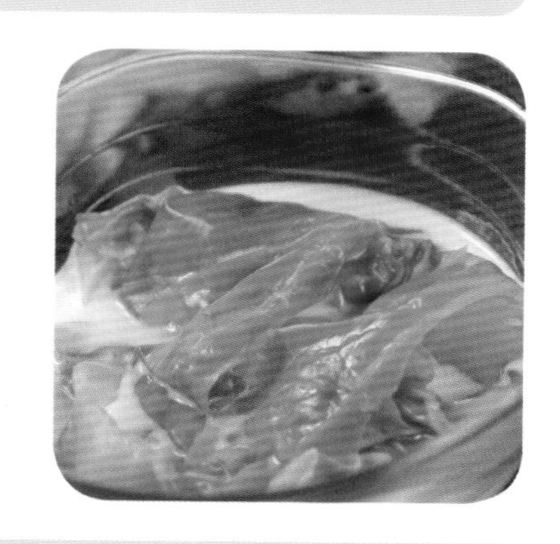

[食材]
卷心菜 100 克，牛奶 1 杯。
[调料]
黄油 5 克，盐适量，鸡精 1 勺。
[做法]
1. 将卷心菜洗净，撕成小块。
2. 锅内倒入黄油，待油化开的时候放入卷心菜翻炒。
3. 然后倒入牛奶、盐、鸡精烧开即可。

三文鱼寿司

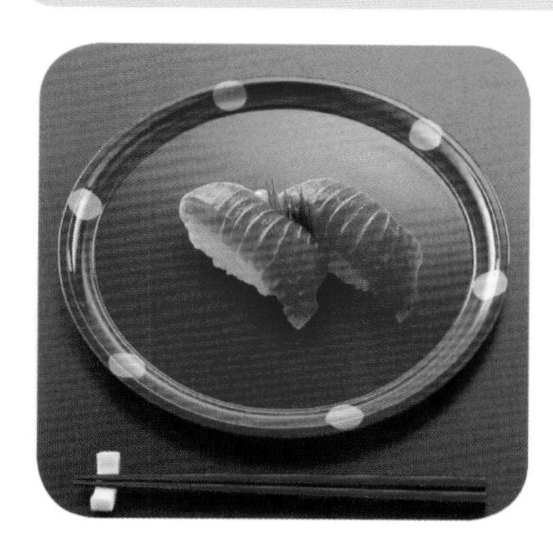

[食材]
大米 100 克，三文鱼 2 条。
[调料]
寿司醋、糖各 1 勺，盐、绿芥末各适量，寿司酱油 1/2 勺。
[做法]
1. 将米淘洗干净，加入 1.5 倍的水，蒸熟。
2. 趁着米饭还热的时候，加入寿司醋、盐、糖搅拌均匀，然后放凉，将三文鱼洗净，切成片。
3. 用手将米饭握成寿司的长条形，将三文鱼放在上面。
4. 最后将寿司酱油和芥末倒入小碟中，就可以蘸着吃了。

香酥春卷

[食材]
春卷皮 5 克，猪肉 150 克，香菇 50 克。
[调料]
鸡蛋 1 个，蒜 35 克，香菜 20 克，木耳 25 克，黄瓜 15 克，糖 2 勺，鸡精、胡椒粉、盐各适量。
[做法]
1. 鸡蛋打匀炒熟备用；香菜切成末；猪肉、蒜剁成茸，加入香菜末调入胡椒粉、盐、糖、鸡精拌匀；香菇泡软切丝；黄瓜、木耳都洗净，切丝。
2. 春卷皮过水马上取出，把前面准备好的食材一个一个包好，码放在盘中待用。
3. 将包好的春卷下入平底锅中，煎至两面金黄即可。

排骨炖冬笋

[食材]

猪肋骨 1 条，冬笋 1/2 棵。

[调料]

盐适量，鸡精 1 勺，白胡椒 1 小撮，醋 2 滴。

[做法]

1. 将猪肋骨洗净，剁成小块，在开水中煮 10 分钟，捞出沥干水分；冬笋洗净，去皮后切成块。
2. 砂锅里倒入水，待水煮开后，加入猪肋骨、醋，用小火炖 40 分钟。
3. 然后加入冬笋，焖煮 10 分钟。最后加入盐、鸡精、白胡椒即可。

咸蛋黄焗南瓜

[食材]

南瓜 400 克，咸蛋黄 3 个。

[调料]

盐适量。

[做法]

1. 南瓜去皮，切成条，大小长短适中，开水氽烫后捞出。
2. 咸蛋黄，用刀压碎。
3. 锅内油热后，放入蛋黄翻炒，待蛋黄冒泡，稍加一点点水。
4. 然后放入南瓜条、盐，翻炒均匀即可。

生菜西红柿沙拉

[食材]

生菜 1 棵，西红柿 1 个。

[调料]

色拉酱 3 勺，碎糖随意。

[做法]

1.生菜洗净撕小朵；西红柿洗净，切小块。
2.在生菜、西红柿上面淋上色拉酱、碎糖，搅拌均匀即可。

香辣黄花菜

[食材]
干黄花菜 250 克，青、红椒 20 克。
[调料]
葱末 2 克，盐适量，料酒、酱油各 1 勺，味精、水淀粉各少许。
[做法]
1. 将黄花菜泡开，择去硬把，洗净，长的一刀切两段。
2. 青、红椒切丝。
3. 锅内油烧热后，用葱末炝锅，下黄花菜煸炒，把青、红椒丝下锅煸炒几下，加入料酒、酱油、盐、味精、高汤，用水淀粉勾芡即可。

核桃仁拌豌豆苗

[食材]
核桃 300 克，豌豆苗 50 克，红椒丝少许。
[调料]
盐适量，鸡精 1/2 勺，橄榄油少许。
[做法]
1. 将豌豆苗去掉根部洗净，备用。
2. 核桃仁泡在温开水里 5 分钟，除去表皮，入锅煮 3 ~ 5 分钟，去涩味。
3. 将核桃仁和豌豆苗放入容器中，加入橄榄油、盐、鸡精充分拌均匀，撒上红椒丝即可。

香葱虾肉鸡蛋卷

[食材]
鸡蛋 2 个，肉馅 50 克，虾肉 150 克，香菇 20 克，小青菜 100 克。
[调料]
姜末 5 克，葱花 10 克，香油、生抽各 1 勺，盐适量。
[做法]
1. 小青菜和香菇洗净，切好焯水。
2. 虾剁成肉泥，和肉馅一起，加入姜末、葱花，放入盐、香油、生抽拌匀。
3. 锅内油热后，放鸡蛋摊好蛋饼，取出备用。
4. 然后将馅料铺在摊好的蛋饼上，卷好蛋卷，封口向下，上锅蒸 15 分钟，凉凉后切块即可。

家常辽参

[食材]
水发辽参 1000 克，菜胆 500 克。
[调料]
盐适量，味精 1/2 勺，胡椒粉 5 克，水淀粉 5 勺，浓鸡汤半碗，葱 1 克，姜 4 克，料酒 1 勺。
[做法]
1. 水发辽参用姜、葱、料酒焯水。
2. 取砂煲 1 个，放入竹垫，将辽参放在竹垫上，放入鸡汤和所有调料，上火煨约两小时。取出装盘，围上入好味的菜胆，浇汁即可。

新式山药泥

[食材]
山药 300 克。
[调料]
圣女果 5 克，鲜奶油、番茄酱各适量。
[做法]
1. 山药洗净切段，连皮入蒸锅蒸 20 分钟后取出，去皮。
2. 将去皮的山药放凉后，放入密封袋，封好口，用擀面棒擀成泥。
3. 在山药泥中加入少许鲜奶油，拌匀，装盘。
4. 将番茄酱挤在山药泥上，圣女果装饰盘边即可。

爆炒牛肉

[食材]
牛腱子肉 750 克。
[调料]
小葱 2 克，熟芝麻 50 克，蒜、姜末各 3 克，酱油、料酒、米醋、豆油、芝麻油各 1/2 勺，辣椒面 1 克，干蘑菇 6 朵，味精 1/6 勺，盐适量。
[做法]
1. 牛腱子肉洗净，去筋膜，用清水浸泡 2 小时后，捞出，控干，切成小方块，再片成薄片，把小葱洗净，切末。
2. 牛肉片放入瓷碗内，放入熟芝麻、蒜末、姜末、酱油、辣椒面、料酒、味精搅拌均匀，腌渍，使牛肉片渗进调味料。
3. 干蘑菇水发后，洗净，去蒂，切长丝。
4. 炒锅内倒入豆油，烧八成热，放入牛肉片、蘑菇丝、小葱末爆炒熟，放入蒜末、米醋、盐、味精炒匀，淋芝麻油，出锅即可。

青豆烧肉

[食材]
青豆 300 克，肉 200 克。
[调料]
葱花 10 克，姜 15 克，冰糖、香料、盐各适量。
[做法]
1. 猪肉洗净放锅里煮，煮好后捞出切小块。
2. 锅内放油，用小火放冰糖炒，直到冰糖全部融化，再熬一会儿，让冰糖起泡泡。
3. 倒入猪肉和姜翻炒，待肉上好色后，放水、葱花、香料，开大火烧开。
4. 转成小火慢炖，10 分钟后下青豆，放盐炖至收汁即可。

熘炒山药

[食材]
山药 150 克。
[调料]
红尖椒 1/2 个，醋 20 毫升，味精 3 克，香油、盐各适量。
[做法]
1 .将山药洗净去皮，从中间切开，直刀切片，红尖椒切片。
2 . 锅内放水烧开，将切好的山药、红尖椒倒入开水中烫一下捞出，沥净水。
3 .锅内倒入油，油热时，烹入醋、水，加入盐、味精，倒入山药翻匀，淋入香油即可。

苦瓜鲜肉蒸饺

[食材]
苦瓜 100 克，瘦肉馅 200 克，饺子皮适量。
[调料]
盐少许，白胡椒粉 10 克，料酒 1/2 勺，醋 1 滴，酱油 1/3 勺。
[做法]
1. 苦瓜去掉内瓤，切成片，用开水氽烫后捞出。
2. 将苦瓜用凉水反复冲洗，沥干水分，剁成末。
3. 把苦瓜末和瘦肉馅、盐、白胡椒粉、料酒、醋、酱油顺时针搅拌均匀。
4. 用饺子皮将调好的馅料包成饺子，最后上笼蒸 10 分钟即可。

双色韭菜煎饼

[食材]

韭菜 200 克，肉馅 50 克，面粉 30 克，玉米面粉 20 克，花生 25 克。

[调料]

盐适量，料酒 3 滴。

[做法]

1. 把韭菜洗净，去掉根部，并且切碎；将肉馅和韭菜加入盐、料酒搅拌均匀。
2. 把搅拌好的韭菜馅做成小饼状，然后花生用擀面杖压碎；接着把面粉、玉米面粉加入水搅拌成面团状。
3. 将面粉、玉米面粉搅拌成的面团做成小饼状，并且在表面压满碎花生。
4. 最后在煎锅中加入少许油，将做好的小饼煎熟即可。

白芸豆沙拉

[食材]

白芸豆 1 大碗。

[调料]

盐适量，胡椒粉 1 勺，白醋 2 勺。

[做法]

1. 将白芸豆择好洗净，泡 4 ~ 6 小时，加水煮熟，控水凉凉。
2. 锅上火，倒入植物油烧五成热，倒入芸豆、盐、胡椒粉、白醋快速翻炒均匀即可。

肉末炖芋头

[食材]

芋头 500 克，油菜 300 克，肉末 50 克，红椒末少许。

[调料]

盐适量，生抽 1/2 勺。

[做法]

1. 油菜洗净待用，芋头刮去皮，切成小块，洗净待用，炒锅加油，烧热，下芋头翻炒数下后，加入一大碗清水，水量要淹没锅中的芋头，保持大火，煮到水开。
2. 将煮开的芋头连汤水一起倒入高压锅中，盖上盖子加阀，煮 7 ~ 8 分钟，关火，打开盖子可以看到芋头已经完全煮烂了；等待芋头煮烂的空隙里，将油菜切成碎末。
3. 炒锅油，烧热，下肉末煸炒到颜色变白，下油菜末继续翻炒；将煮好的芋头连汤一起倒入炒锅中，与油菜末、肉末、红椒末混合，如果汤汁的水量不多了，可再加入一碗水或高汤。
4. 加入盐、生抽调味，一边用勺子搅拌，继续煮 3 ~ 5 分钟，看锅内汤汁成浓稠糊状即可。

拌鱼干

[食材]
鱼干 1 条，葱白 1 克，花生 25 克。
[调料]
盐适量，鸡精 1/2 勺。
[做法]
1. 将鱼干撕成丝。
2. 葱白洗净，切成丝。
3. 把葱白用盐、鸡精搅拌均匀，腌渍 3 分钟，将花生洗净，去核。
4. 锅内倒入油，待油烧至八成热的时候，倒入花生炸熟；将花生、鱼干、葱均匀搅拌在一起即可。

洋葱炒木耳

[食材]
洋葱 30 克，木耳 75 克，青、红尖椒各 5 克。
[调料]
盐适量，鸡精 1 勺，酱油 1/2 勺。
[做法]
1. 将木耳洗净，用凉水泡发开，去掉根蒂，撕成小朵。
2. 青、红尖椒洗净，去子切成片，把洋葱洗净，切成丝。
3. 锅内倒入油，待油烧至八成热的时候，放入洋葱、木耳和青、红尖椒翻炒。
4. 最后加入盐、鸡精、酱油即可。

板栗菠菜炖土鸡

[食材]
鸡翅 200 克，板栗、菠菜各 100 克，小葱末少许。
[调料]
蒜 5 克，姜 4 克，盐适量，酱油、味精、料酒各 1/2 勺，烧汁适量。
[做法]
1. 鸡翅洗净，改刀，放入沸水中焯透。
2. 放入沸水中煮熟，剥壳去薄皮取肉。菠菜洗净，入沸水中烫一下，捞出挤干水分。
3. 锅内放入油烧热，炒香蒜、姜，放入鸡翅、板栗、酱油，烧汁炒至鸡翅上色，烹入料酒，倒入适量清水煮开，小火焖至鸡翅、板栗熟烂后放入菠菜，撒少许味精，继续煮两分钟，撒上小葱末即可。

美味小馄饨

[食材]
馄饨 20 克，紫菜 3 克，虾皮 10 克，鸡架 30 克。
[调料]
盐适量，海鲜酱油 1/2 勺，香油 1/2 勺。
[做法]
1. 将紫菜泡开，洗净，沥干水分，虾皮洗净。
2. 加入盐、海鲜酱油、香油。
3. 鸡架洗净，用水煮开后，转成小火熬煮；一边煮一边撇去浮沫。
4. 另煮一锅水，水开后放入馄饨，待馄饨煮熟后捞出，放入调好的底料中，最后将煮好的热鸡汤倒入即可。

爽口小黄瓜

[食材]
小黄瓜 150 克。
[调料]
甜面酱、料酒各 1/2 勺，味精适量。
[做法]
1. 将黄瓜洗净，切去头尾，然后对切成 4 条，盛盘，放置整齐待用。
2. 将小锅置中火上，倒入油，烧至 2 ~ 3 成热时，加甜面酱、料酒搅拌均匀。
3. 再加温水，继续搅拌烧至锅内甜酱咕嘟冒泡后即可关火，盛入蘸酱碟中放置于黄瓜碟旁，供上桌蘸酱食用。

娃娃菜扣肉

[食材]
娃娃菜 2 棵，五花肉 150 克。
[调料]
姜片、葱各 5 克，料酒 1 勺，酱油 2 勺，糖、盐、鸡精适量。
[做法]
1. 将整块五花肉下冷水，加入姜片、葱、料酒煮开，捞出切成薄片备用。
2. 娃娃菜竖切成 4 半，整齐地铺放在汤碗旁侧，中间平铺一层五花肉。
3. 将其它调味料，兑成汤汁，倒入汤碗内，入蒸锅蒸 25 分钟，加少量鸡精即可。

特色拌菜

[食材]

水萝卜 80 克，黄瓜 50 克。

[调料]

芝麻 25 克，干辣椒 10 克，麻椒 2 克，葱 3 克，香菜 5 克，盐适量，醋、鸡精各 1 勺。

[做法]

1. 将干辣椒、麻椒洗净，晾干。
2. 油烧至十成热的时候，倒入装有干辣椒、麻椒、芝麻的碗中，将它们炸香。
3. 黄瓜、水萝卜，洗净，切成片，把香菜洗净切成段，把葱洗净，切成丝。
4. 将黄瓜、水萝卜、香菜、葱、盐、醋、鸡精和炸好的辣椒油均匀搅拌在一起即可。

五香花生仁

[食材]

花生米 600 克，红椒段、香菜末、熟芝麻各少许。

[调料]

大料 2 克，花椒粒 10 克，盐适量。

[做法]

1. 准备一小盆热水，放入大料和花椒粒，冲成五香水。花生米洗去浮尘，放入五香水中，浸泡 15 分钟，控干水，备用。
2. 取圆底炒勺洗净，大火烧干，放入一汤匙盐，倒入控干水的花生米和大料、花椒粒，大火翻炒 10 分钟左右，去除多余水分。之后转小火，不停地翻炒大约 30 分钟，直至听到啪啪的响声，花生米就炒好了。
3. 将炒勺倾斜，盛出花生米，去除盐末，放凉之后，花生米就变得非常酥脆了，撒上其余食材即可。

水晶山药

[食材]

山药 1 块，枸杞子少许。

[调料]

糖 2 勺，糖桂花 3 勺。

[做法]

1. 将山药洗净，去皮切段。
2. 山药、枸杞子和糖一起蒸 15 分钟。
3.凉凉后，倒入糖桂花即可。

西式培根卷

[食材]

培根 10 片，黄瓜 70 克。

[调料]

无

[做法]

1. 将黄瓜洗净，去瓤后切成条。
2. 把黄瓜用培根卷起，并且用牙签固定。
3. 将不粘锅煎锅烧热，转成小火后倒入一些油。
4. 在油烧至六成热的时候，放入培根卷，将培根卷煎熟即可。

小炒黄瓜鸡蛋

[食材]

黄瓜 250 克，鸡蛋 2 个。

[调料]

葱末、姜末各 2 克，盐适量。

[做法]

1. 把鸡蛋打入碗内，加入盐打散。
2. 黄瓜洗净，切成菱形片。
3. 锅内油加热至六成热，倒入调好的蛋液炒成蛋花倒出。
4. 留少许底油，烧热再放葱、姜末爆香，投入瓜片翻炒几下加入盐，煸炒至断生。
5. 再倒入蛋花颠翻拌匀出锅即可。

尖椒爆土豆丝

[食材]

土豆 250 克。

[调料]

花椒 5 克，葱花 10 克，干辣椒 8 克，青、红椒共 20 克，鸡精 1/2 勺，水适量。

[做法]

1. 土豆去皮，切成细丝，然后用清水淘洗四五遍。
2. 锅内油热后，放入花椒、葱花，炒香后盛出不要。
3. 放入土豆丝、青椒和红椒翻炒两分钟，中途为防止粘锅淋少许清水，继续翻炒 1 ~ 2 分钟至汤汁将要收干。
4. 加醋烹香，翻炒均匀，加盐调味即可。

日式什锦寿司

[食材]

大米 100 克，黄瓜 50 克，胡萝卜、梅子各 30 克，鸡蛋 1 个，金枪鱼 25 克，海苔片 2 克。

[调料]

寿司醋 1 小勺，盐、寿司酱油、绿芥末各适量。

[做法]

1. 将米淘洗干净，加入 1.5 倍的水，蒸熟。趁着米饭还热的时候，加入寿司醋、盐搅拌均匀，然后放凉；将鸡蛋煎成鸡蛋饼，然后卷成卷；然后将金枪鱼、黄瓜、胡萝卜切成条，接着把梅子去掉核，切成泥。
2. 将海苔片平铺在寿司帘上，在 2/3 的地方铺上一层米饭。
3. 将金枪鱼、黄瓜、胡萝卜、鸡蛋卷、梅子泥摆放在米饭中央；然后将寿司帘卷起，卷紧，将寿司卷切成块即可。
4. 最后将酱油和芥末倒入小碟中，就可以蘸着吃了。

鱼翅汤

[食材]

水盆翅 50 克，笋丝 50 克，花菇 15 克。

[调料]

鸡精、醋各 1/2 勺，糖 1 勺，淀粉 10 勺，盐适量，高汤 1 碗。

[做法]

1. 花菇洗净泡软，放入大碗中加半碗水，放入锅里蒸约 20 分钟后，取出待凉切丝。
2. 水盆翅洗净，加入所有调料拌匀并浸泡约 10 分钟。
3. 将笋丝放入滚水中氽烫，捞出后与花菇丝一起放入高汤中，以中、大火煮至滚沸。
4. 将调味料及鱼翅加入花菇丝和笋丝中，继续以中大火煮至滚沸，再次滚沸后，熄火加入醋调匀即可。

豆豉沙丁鱼

[食材]

沙丁鱼 500 克，红椒丝少许。

[调料]

盐适量，酱油、糖各 1/2 勺，料酒 1 勺，蒜 8 克，姜 4 克，老干妈豆豉 2 勺。

[做法]

1. 沙丁鱼去鳞，去肠，尽量留头。
2. 把蒜、姜剁成茸，撒在沙丁鱼上，加盐腌入味。
3. 起油锅，烧六成热，保持中小火，将沙丁鱼一条条放入锅中油煎，两面金黄时，锅中留下少量油，加红椒丝、盐、糖、酱油、料酒烹制，最后浇 1 勺老干妈豆豉中的红油，翻炒出锅即可。

干豇豆烧肉

[食材]
五花肉 500 克，干豇豆 80 克。
[调料]
大料 4 克，葱 1 克，姜 5 克，冰糖 15 克，生抽 10 勺，酱油 1 勺，盐适量。
[做法]
1. 五花肉切成小块，放入沸水中焯两分钟后捞出，用水冲去浮沫，沥干水分；然后把干豇豆用温水泡软，冲洗干净，剪成小段。
2. 锅中不放油小火加热，将焯好的五花肉放入锅中干煸，一直不断翻炒，至肉有些变色，五花肉盛出。
3. 锅中倒入少许油小火加热，放入冰糖不断翻炒至融化，颜色变成褐色即焦糖色，倒入煸好的肉，翻炒至肉上色。
4. 倒入足够的开水、生抽、酱油、葱、姜、大料，大火烧开后，转小火炖约 1 小时；1 小时后，将豇豆段放入，炒匀，继续炖约 20 分钟，加盐即可。

蚝油金针菇

[食材]
金针菇 180 克。
[调料]
蒜 6 克，红辣椒丝 20 克。
（A）绍酒、酱油各 1 勺，淀粉半勺。
（B）蚝油 3 勺，糖 1/2 勺，白胡椒粉 5 克，水 1 杯。
（C）淀粉、水各 2 勺。
[做法]
1. 将金针菇去尾部，用调料（A）腌 10 分钟。
2. 蒜肉去皮，加压后，放入器皿中，加两大匙色拉油，高火 2 分 30 秒后，放入金针菇、红辣椒丝搅拌均匀，覆上微波薄膜，高火 1 分钟。
3. 在一器皿内放入调料（B）调匀，高火 1 分钟后，加入调料（C）拌匀，再转 1 分钟即可。

糯米蒸牛肉

[食材]
牛里脊 400 克，糯米 100 克，香菜叶、葱丝各少许。
[调料]
盐适量，胡椒粉 3 克，淀粉 8 勺，料酒 1/2 勺，味精、糖、酱油、香油各 1/4 勺，姜米 5 克。

[做法]
1. 牛里脊切片，入水浸泡 10 分钟，捞出沥干水分；糯米入水泡透。
2. 将牛里脊用盐、味精、姜、胡椒粉、料酒、糖、酱油码味，拌匀淀粉，滚匀糯米。
3. 将拌制好的牛肉入笼，大火蒸制 40 分钟，撒上香菜叶、葱丝即可。

蒜泥羊肉

[食材]

前羊腿 500 克，香菜叶少许。

[调料]

葱段、姜块各 15 克，花椒、桂皮、丁香、白胡椒各 3 克，大料 2 克，香叶 5 克，味精、料酒、香油、糖各 1/4 勺，盐适量，葱、姜粒、蒜泥各 10 克。

[做法]

1. 羊前腿洗净，切成中块，焯水过凉。
2. 煮锅上火，加入清水、葱段、姜块、花椒、大料、桂皮、丁香、香叶，调入味精、料酒、盐、白胡椒、糖，煮出浓香味后放入羊肉，烧开后改用小火煮熟关火，原汤浸泡 30 分钟捞出凉凉，抹上香油，切成薄片。
3. 将羊肉片放入盆内，调入味精、料酒、盐、白胡椒、糖、香油、葱、姜粒、蒜泥，搅拌均匀盛入盘内，撒上香菜叶即可。

小炖土豆牛肉

[食材]

卤好的牛肉 250 克，土豆 50 克，香菜叶少许。

[调料]

料酒 1 勺，酱油 3 勺，盐适量，味精 1/4 勺，胡椒粉 2 克，糖 1 勺，姜末 4 克，葱花 1 克，蒜末 10 克，水淀粉适量。

[做法]

1. 将牛肉切成方块，土豆稍微切的小一点。
2. 锅内放油，油四成热时放入土豆、牛肉，然后火关小点炸两分钟，待土豆表面发金黄色时，改大火，用勺子戳一下土豆，土豆中间稍微有点硬心时，就可以把牛肉和土豆捞出了。
3. 锅内少放点油，放葱花、姜、蒜末炒出香味，加入水、酱油、料酒、盐、味精、糖、胡椒粉，然后再倒入炸好的土豆和牛肉，改成大火，将汤汁差不多焙干时，再加一点水淀粉，就可以出锅了，撒上香菜叶即可。

韭菜小炒墨鱼仔

[食材]

墨鱼仔 280 克，韭菜 100 克。

[调料]

蒜 4 克，红椒 5 克，料酒 1/3 勺，盐适量，胡椒粉 10 克，醋 1/2 勺。

[做法]

1. 先把墨鱼仔须下部中间的小黑点揪出，然后彻底冲洗干净。
2. 韭菜切成 1 寸长的段；蒜切片；红椒切成 1 寸长的条。
3. 煮锅中倒入清水，大火煮开后，将墨鱼仔放在笊篱里，在开水中烫 3 秒钟捞出。
4. 锅中倒入油，放入蒜片爆香，倒入韭菜、墨鱼仔、红椒，淋入料酒，加盐、胡椒粉、醋即可。

粉蒸藕

[食材]
藕 500 克、生米粉 50 克，卤猪肉（肥瘦五花肉）100 克，小葱末少许。

[调料]
芝麻油、酱油各 1/2 勺，醋、味精各 1/4 勺，姜末 4 克，葱花、胡椒粉各 5 克，盐适量。

[做法]
1. 莲藕洗净，刮去外皮，以刀面拍碎，再用刀背将藕捶成块状（操作时，少用铁刀接触藕，以免发黑）。
2. 卤猪肉切成小丁。
3. 将藕、肉拌在一起，同盛入一瓷盘中，熟猪油化开，倒入盛藕料的碟中，加入备好了的生米粉、盐、姜末、葱花、胡椒粉、味精一起拌匀，倒在小圆格子蒸笼中，上大火沸水锅蒸约 25 分钟，翻扣入盘里。
4. 将备好的酱油、醋、芝麻油调成汁，淋入藕内，撒上小葱末即可。

蘸芥蓝

[食材]
芥蓝 100 克。

[调料]
冰袋 1 个，芥末适量，生抽 1 小碟。

[做法]
1. 首先把芥蓝剥皮，然后洗干净，再斜刀切成片。
2. 然后把切成片的芥蓝在水开后，倒入锅里烫 2 ~ 3 分钟，稍微烫熟即可。
3. 捞起后过冷水，然后再用纯净水泡一下。
4. 把冰袋放到盘子里，再将芥蓝片捞出来，摆在冰袋上，吃时蘸芥末、生抽即可。

三鲜锅贴

[食材]
锅贴皮 6 克，韭菜、猪肉馅、虾仁各 60 克。

[调料]
姜、香油、酱油、五香粉、白胡椒粉、盐各适量。

[做法]
1. 虾仁剁碎；韭菜切碎；姜剁成末。
2. 将酱油、姜末、五香粉、香油倒入肉馅里搅拌，上劲后备用。
3. 把虾肉丁与韭菜倒入拌好的肉馅里，加入少许盐、白胡椒粉继续搅拌。
4. 将馅料包在锅贴皮内，包成月牙形。
5. 平底锅抹适量的油，将锅贴放入；然后盖好锅盖，用中小火大约焖 3 分钟，淋少量油在上面，将锅贴翻个，再用中小火焖 4 分钟；锅贴两面焦脆即可出锅。

苦味猪尾

[食材]
苦瓜100克，红椒2克，卤猪尾70克。
[调料]
姜1克，盐适量，鸡精、料酒各1勺，豆瓣酱、胡椒粉各2勺。
[做法]
1. 将卤猪尾剁成段。
2. 把苦瓜洗净，去掉内瓤，切成片；红椒洗净，切片；姜洗净，切丝。
3. 锅内油烧至六成热的时候，倒入姜、豆瓣酱翻炒，然后放入猪尾、料酒翻炒，再倒入开水；待水快收干的时候，放入苦瓜、红椒、盐、鸡精、胡椒粉翻炒即可。

油泼面

[食材]
面条适量，韭菜5克，菠菜50克，五花肉30克，洋葱20克，萝卜条咸菜10克，小葱末少许。
[调料]
葱1克，蒜16克，酱油、醋各1勺，香油1/4勺，盐适量。
[做法]
1. 把五花肉切条，洋葱切成小细碎，锅入底油，把洋葱碎爆香，放入五花肉翻炒，待肉稍稍变颜色，加入少许酱油和萝卜条咸菜，继续翻炒1分钟，关火盛出备用。接着把韭菜切成段，菠菜切成段，葱和蒜切成末备用。
2. 捞出控干水，放在煮好的面条上面。
3. 把炒好的肉丝、葱末和蒜末都码好在面条上，把所有调料混合好浇在面条上，接着给锅内入油，油烧热后泼在面上，撒上小葱末即可。

醋拌姜汁木耳

[食材]
木耳50克。
[调料]
小葱1克，蒜16克，姜汁、醋各1勺，鸡精1/4勺，盐适量。
[做法]
1. 将木耳洗净，用凉水泡发，然后撕成小朵，去掉根部。
2. 小葱洗净，去掉根部后切成末。
3. 把木耳放入开水中汆烫一下，捞出后放入凉水中凉凉。
4. 把木耳的水控干，然后加入小葱、盐、醋、鸡精、姜汁搅拌均匀即可。

日式冰芦荟

[食材]
芦荟 1 瓣。
[调料]
寿司酱油、芥末各适量。
[做法]
1.将芦荟洗净，斜着切成片。
2. 将芦荟片摆放在冰上。
3.吃的时候，蘸着寿司酱油和芥末即可。

酱拌豆腐

[食材]
嫩豆腐 1 块，香菜 1/3 棵。
[调料]
番茄酱 1 勺，姜 1 块。
[做法]
1. 嫩豆腐洗净，切块；姜洗净，切丝，用开水氽烫后捞出；香菜洗净，切末。
2. 将番茄酱、姜丝、香菜末撒在嫩豆腐上即可。

蒸鲤鱼

[食材]
鲤鱼 1 条，萝卜泥 150 克。
[调料]
盐适量，料酒 2 勺，白葡萄酒 1/4 杯；高汤、料酒各 1 勺，干辣椒 10 克，盐、姜片各少许，酱油 1/2 勺。
[做法]
1. 将鲤鱼收拾干净，切花刀。
2. 然后放入盘中，加入盐、料酒、白葡萄酒，上笼屉蒸 5 分钟，取出；再在鲤鱼下面铺满萝卜泥，覆上微波薄膜，再蒸两分钟。
3. 最后加入高汤、干辣椒、盐、姜片、酱油、料酒，蒸 3 分钟即可。

香味鸡爪

[食材]

熟花生碎 100 克，鸡爪 8 个，装饰菜叶少许。

[调料]

花椒粉 10 克，味达美适量，盐适量，高汤 1 碗，糖、葱各适量，红油 1/2 勺。

[做法]

1. 鸡爪用开水焯过后，冲洗干净，重新放入高压锅，加少许水，开后停火，凉凉后取出，用冷水反复冲洗干净，直接手工将骨头脱掉。
2. 准备红油、葱丝、熟花生碎；将脱骨鸡爪、葱丝、红油、花椒粉、味达美、盐、糖、高汤精或鸡精搅拌均匀，撒上装饰菜叶即可。

蚕豆花生

[食材]

花生仁 125 克，生蚕豆 250 克。

[调料]

无

[做法]

1. 把生蚕豆去壳，与花生仁一同洗净晾干。
2. 铁锅倒油，小火炒到蚕豆皮破裂即可。

新式炖猪骨

[食材]

野菜 125 克，猪骨 100 克。

[调料]

油 1 勺，姜、葱各 5 克，盐、淀粉各 1/2 勺，味精少许。

[做法]

1. 将洗净的野菜在沸水中烫片刻，切段。
2. 将鲜猪骨洗净，与盐、味精、水淀粉拌匀；葱姜洗净，葱切段，姜拍破。
3. 将清汤烧沸，加入洗净拍破的姜、葱段、熟油同煮。
4. 煮几分钟后，放入拌好的猪骨。
5. 煮至猪骨熟，加入野菜即可。

凉拌白菜

[食材]
白菜 200 克。
[调料]
盐、鸡精适量，带辣椒的辣椒油 1 勺，山西陈醋 3 勺。
[做法]
1. 先将白菜洗干净，然后切丝，不能切得太细。
2. 把油烧开，放上花椒炸出香味，再放入辣椒油。
3. 调好糖醋汁。一般情况下糖和醋为 1 ： 1.5 的比例，少许的盐和鸡精。
4. 把汁浇到切好的白菜丝上，再把先前炸好的油也淋上即可。

什锦西芹

[食材]
西芹 50 克，红豆 30 克，黄豆 25 克，胡萝卜、核桃仁各 20 克。
[调料]
盐适量，鸡精 1 勺。
[做法]
1. 将西芹洗净，去掉根部切成段，把胡萝卜洗净，切成片。
2. 红豆和黄豆洗净，泡开后用开水煮熟。
3. 锅内倒入油，待油烧至八成热的时候，加入西芹、红豆、黄豆、胡萝卜、核桃仁翻炒。
4. 最后加入盐、鸡精调味即可。

炸鳕鱼

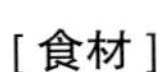
[食材]
鳕鱼 1 条。
[调料]
鸡蛋 8 个，牛奶 6 勺，淀粉、甜椒粉各 1 勺，黑胡椒粉 1/2 勺，香菜、盐各适量。
[做法]
1. 将鳕鱼宰杀，洗净，切片；香菜切末。
2. 鸡蛋打到碗内，将蛋黄挑出，留下蛋清打散，加入牛奶搅拌均匀。
3. 在另一个碗中加入淀粉、甜椒粉、胡椒粉、盐与香菜末，混合均匀。
4. 将鳕鱼逐片先蘸蛋汁，再将两面蘸取制好的混合粉，并甩去多余粉状物。
5. 油锅烧至八分热后，火力从大火改成中大火；将鳕鱼逐片入锅，每面煎炸约两分钟，至表皮香酥，鱼肉熟即可。

酥炸玉米糕

[食材]
玉米粉 200 克。
[调料]
炼乳适量。
[做法]
1. 玉米粉加适量水调成糊，往糊里加适量炼乳调味。
2. 干锅里加点油，然后倒入一半面糊，均匀地摊开。
3. 盖上锅盖，并转小火慢煎，待到锅内饼完全变色后，再翻面继续慢煎另一面。
4. 双面都熟后，即可卷起对半切，然后往饼上再浇点炼乳即可。

扬州炒饭

[食材]
隔夜米饭 80 克，虾仁、香菇各 30 克，青豆 10 克，火腿肠 20 克。
[调料]
盐适量，鸡精 1 勺。
[做法]
1. 将虾仁、青豆洗净，用开水煮熟。
2. 香菇洗净，用凉水泡发好，去蒂切成丁，火腿切成丁。
3. 锅内倒入油，待油烧至八成热的时候，放入米饭、香菇翻炒。
4. 随后倒入虾仁、青豆、火腿肠、盐、鸡精，翻炒均匀即可。

双冬拌螺肉

[食材]
鲜海螺肉 200 克，水发冬菇、冬笋各 50 克，净海螺壳 5 个，香菜末少许。
[调料]
盐、淀粉各 2 克，味精 1/6 勺，水淀粉、葱油、胡椒粉各适量，料酒、醋、高汤各 1 勺。
[做法]
1. 将螺肉用盐和醋搓洗，去净黏液，用清水冲洗干净，然后片成薄片；螺壳刷洗干净，上笼屉蒸 3 分钟取出，分别放在 5 个小盘中，并在小盘中放些盐。
2. 冬笋、冬菇切片，分别在沸水中汆一下，捞出沥干水。螺片在八成热的水中稍烫，滤净水；将盐、味精、胡椒粉、料酒、醋、水淀粉、高汤入碗中，调成芡汁。
3. 炒勺上火，注入花生油烧至七成热，将螺片入油中拨散滑透，随即放入冬笋、冬菇片略滑，捞出倒入漏勺内沥去油。
4. 炒勺留底油回大火烧热，倒入螺片、冬笋、冬菇片，烹入调好的芡汁，颠翻几下，淋入葱油，再颠翻几下，撒上香菜末即可。

海味豆腐汤

[食材]
海带 10 克，南豆腐 20 克，夹心鱼丸 5 克。
[调料]
鸡精 1/2 勺，盐适量。
[做法]
1. 把海带洗净，放入水中煮开。
2. 将豆腐、鱼丸洗净，切成块，放入水中。
3. 最后加入盐、鸡精调味即可。

卤草菇

[食材]
草菇 200 克，桂皮 10 克。
[调料]
盐、鸡精适量，香油 1/4 碗，八角 2 克，酱油、糖各 1 勺，姜 3 克，葱 1 段，鲜汤 1 碗。
[做法]
1. 鲜草菇去蒂，去杂质，洗净，然后投入沸水锅中烫片刻，捞出沥干水分，切成厚片待用。
2. 炒锅置火上，放入香油 40 克烧热，投入葱结、姜片、大料、桂皮，放入草菇煸炒。
3. 再加鲜汤、酱油、糖、盐、鸡精，烧沸并收稠汤汁，淋入香油，即起锅装盘。

多彩大拌菜

[食材]
鹌鹑蛋 10 克，莲藕 100 克，黄瓜 50 克，花生 25 克，胡萝卜 30 克。
[调料]
蒜 5 克，盐适量，醋、鸡精各 1 勺，香油两滴。
[做法]
1. 将鹌鹑蛋煮熟，剥掉壳。
2. 莲藕洗净，去掉皮切成块，把黄瓜、胡萝卜洗净，切成条。
3. 花生洗净，去掉壳，煮熟；蒜洗净，捣成蒜泥。
4. 将鹌鹑蛋、莲藕、黄瓜、花生、胡萝卜倒在一起，加入盐、醋、蒜、香油、鸡精搅拌均匀即可。

韭菜炒猪肝

[食材]
猪肝 200 克，韭菜 100 克。
[调料]
醋、酱油、糖、料酒各 1/2 勺，豌豆淀粉 5 勺，盐适量，味精 1/6 勺。
[做法]
1. 淀粉加水适量调匀成水淀粉约 7 勺，备用；猪肝去筋膜，切成柳叶片，放入盘内，用水淀粉 6 勺浆一下。
2. 韭菜择洗干净，反刀切成段；炒锅置大火上，放入油，烧至六成熟，放入猪肝，用筷子划散，待变成灰白色时，捞出沥油。
3. 原锅留油上火，下韭菜段煸炒，加料酒、酱油、盐、糖、味精，倒入猪肝，用水淀粉勾芡。
4. 淋醋和香油，翻炒均匀，盛入盘内即可。

平锅鲜鱿鱼

[食材]
鱿鱼 500 克，青椒 10 克，洋葱 30 克。
[调料]
料酒各 1 勺，盐适量，味精 1/6 勺，番茄酱 2 勺，淀粉（玉米）15 勺，姜 3 克，大葱 10 克。
[做法]
1. 将鱿鱼刮净黑膜去皮；青椒、洋葱分别切成片，姜切末。
2. 炒锅置大火上，放入油烧至五成熟，随即推入鱿鱼片稍爆后，起锅沥净油；原锅留底油，放火上烧热，放入洋葱、青椒略煸炒。
3. 待透出香味时，加入鲜汤、番茄酱、料酒、盐、味精，用淀粉勾成厚芡；立即投入爆熟的鱿鱼片，在锅内颠翻几下，放入香油，撒上葱段盛盘即可。

枸杞鱼头汤

[食材]
鱼头 1 个，白芷 10 克，枸杞子 3 克，青、红椒圈少许。
[调料]
料酒、味精、香油各 1/2 勺，姜 2 克，葱 1 克，盐适量，白胡椒粉 5 克。
[做法]
1. 鱼头洗净，剁成 4 块。
2. 白芷润透，切薄片；枸杞子去果柄、杂质洗净；姜切片；葱切段。
3. 将鱼头、白芷、枸杞子和青、红椒圈同放炖锅内，加入姜、葱、料酒、水用大火烧开，改用小火炖煮 30 分钟至鱼头熟透，加入盐、味精、白胡椒粉调味，放入香油即可。

炒双菇

[食材]
鲜花菇 300 克，口蘑 200 克。
[调料]
红椒 20 克，蒜 4 克，盐适量，豆瓣酱 1 勺。
[做法]
1. 将花菇和口蘑洗净，切成两半。
2. 红椒洗净，切成段，把蒜洗净，切成片。
3. 锅内倒入油，待油烧至八成热的时候，放入豆瓣酱、蒜炒香，后倒入花菇，口蘑翻炒，加入 1 杯开水。
4. 待汤汁收干的时候，加入盐即可。

鲍汁扣野菌

[食材]
野菌 200 克。
[调料]
鲍鱼汁 2 勺，蚝油、酱油各 1 勺，糖 1/2 勺，盐适量。
[做法]
1. 用小半碗清水加入蚝油、酱油、糖、盐，搅匀成调味汁备用。
2. 野菌切片，热锅放油，先把菇片煎一下。
3. 再倒入调味汁煮开，转小火慢慢煨至菇身变软，吸入汤汁，最后调入两勺鲍鱼汁，拌匀即可。
4. 先将野菌摆盘，再把汤汁均匀地浇上即可。

双鲜炖粉条

[食材]
三文鱼、蚌肉各 50 克，面粉 5 勺，粉条 20 克，藏红花 5 克。
[调料]
干白葡萄酒 3 勺，黄油 5 勺，奶油 10 克，盐适量，白胡椒 5 克，鱼汤、蚌汁各适量。
[做法]
1. 藏红花洗净，用热鱼汤泡开，滤渣留汤。然后把蚌肉洗净，用白葡萄酒浸泡 10 分钟。
2. 将面粉和黄油放在一起打匀，掺入鱼汤和蚌汁。
3. 放进奶油，将汤加热至开锅，加入粉条，并加盐和胡椒调味。
4. 将三文鱼切成条，放入汤中微炖，将蚌肉冲一下，放入汤中即可。

醋泡黄豆

[食材]
黄豆 2 碗。
[调料]
醋 4 碗。
[做法]
1. 将优质黄豆洗净，待水沥干后放入玻璃或陶瓷容器内，倒入优质食醋将黄豆浸没。
2. 将容器密封，保存半年到 1 年。
3. 醋豆取出即可。

凉拌莴笋叶

[食材]
莴笋 2 棵，熟芝麻少许。
[调料]
鸡精适量，香油、辣椒油各 2 勺，酱油、醋、糖各 1 勺。
[做法]
1. 莴笋取其叶洗净。
2. 用开水焯一下，沥出水分凉凉，切成丝并装盘。
3. 浇上用酱油、醋、糖、香油调成的汁，再放点辣椒油拌匀，撒上熟芝麻即可。

酸菜肉末炒笋丁

[食材]
酸菜 200 克，笋 400 克，肉末 100 克。
[调料]
红辣椒 50 克，葱末 10 克，酱油 1 勺，盐适量。
[做法]
1. 酸菜、笋、红辣椒切丁。
2. 然后把笋焯水，捞出控干水分。
3. 锅内不放油，倒入酸菜丁、笋丁煸炒，煸干水分后盛出。
4. 然后锅内再放油，油烧热后用葱末炝锅，再倒入肉末翻炒。
5. 待肉末变色后加酱油，倒入红辣椒丁、酸菜丁、笋丁，加盐翻炒均匀即可。

软炸豆腐

[食材]
嫩豆腐 1 块，葱 1 段。
[调料]
盐适量，鸡精 1 勺，淀粉 3 勺，蚝油 1 勺。
[做法]
1.将豆腐洗净，切成块，放入开水中氽烫后捞出，沥干水分。
2.将淀粉用水调成面糊，裹在豆腐上。
3.锅内倒入油，待油烧至五成热的时候，下入豆腐，微炸后捞出。
4.葱洗净，切成葱花，码放在豆腐上，锅内倒入少许水，水开后倒入蚝油、鸡精、盐煮成汤汁，倒在豆腐上即可。

豆苗鸡蛋墩

[食材]
豆苗 1 把，鸡蛋 3 个，樱桃 1 个。
[调料]
盐适量，胡椒粉 1/2 勺。
[做法]
1. 将豆苗洗净，切碎。
2.把鸡蛋、豆苗、盐、胡椒粉均匀搅拌，倒在容器中。
3. 蒸 15 分钟，装饰上樱桃即可。

奶油土豆泥

[食材]
土豆 1 块，牛奶 1/2 杯。
[调料]
糖 2 勺。
[做法]
1. 土豆洗净，蒸熟后去皮。
2. 将土豆捣成泥，和牛奶、糖搅拌均匀，呈糊状。
3. 再蒸 3 分钟即可。

盐水鹅肝

[食材]

鹅肝 350 克。

[调料]

红辣椒粒、洋葱粒各 5 克，特制酱适量，孜然粒 10 克，盐适量，味精、花雕酒、红油、香油、蚝油各 1/2 勺，淀粉 2 勺。

[做法]

1. 鹅肝切成方的小块，漂去血污，加花雕酒、盐、味精、淀粉拌匀，入开水锅中氽 5 分钟至熟。
2. 锅放油烧至六成热，下红辣椒粒、洋葱粒、孜然粒、特制酱料炒香，加鹅肝，淋花雕酒，急火快炒两下，倒入红油和香油即可。

双葱炒猪肝

[食材]

猪肝 300 克，葱、青蒜各 50 克。

[调料]

辣豆瓣酱、料酒各 2 勺，酱油 1 勺，淀粉 1.5 勺，蒜 10 克，盐适量，糖 1/2 勺，葱 200 克。

[做法]

1. 将猪肝洗净滤干，平放在菜板上，用刀切去脂肪腺等杂物；刀与菜板成 30 度角，将猪肝片成 2 ~ 3 毫米厚的片；用辣豆瓣酱、酱油和料酒抓匀腌 15 分钟。
2. 葱斜切成片，洗净滤干；青蒜切细长片；蒜切成小片。
3. 炒锅烧热入油，油热放入蒜片爆一下，然后滑入猪肝，用筷子将猪肝散开，翻炒两分钟左右捞出滤油。
4. 炒锅用水冲干净，烧热，再放入油，油热将青蒜和葱放入翻炒几下，放入盐翻匀。
5. 加入猪肝、糖，一起爆炒 1 分钟出锅即可。

冬笋瘦肉汤

[食材]

冬笋 1 块，瘦肉 100 克，枸杞 1 小撮，香菜叶少许。

[调料]

盐适量。

[做法]

1. 瘦肉冬笋洗净，切片。
2. 锅内水开后，下入瘦肉、冬笋，滚煮 20 分钟。
3. 最后加入盐、枸杞、香菜叶即可。

农家小炒肉

[食材]

五花肉 300 克，青、红尖椒各 100 克。

[调料]

姜末、姜丝各 3 克，葱末、蒜末各 5 克，酱油 2 勺，蚝油 1 勺，醋 1/2 勺，白胡椒少许，盐适量，味精少许。

[做法]

1. 五花肉洗干净，切片，用盐、油、生抽、白胡椒粉腌渍 15 分钟。
2. 青、红尖椒斜切，放入醋，静置 15 分钟后洗净。
3. 锅内油烧至七成热时，加入葱、姜、蒜末爆香，加五花肉稍炒至七成熟，起锅待用。
4. 留底油，烧热加青、红尖椒翻炒 1 分钟，再加已炒至七成熟的五花肉、姜丝，继续翻炒。
5. 加入酱油、蚝油，待肉全熟后，放盐和味精即可。

大葱烧海参

[食材]

水发小海参 1000 克。

[调料]

盐适量，葱 1 克，青蒜 15 克，水淀粉、糖各 3 勺，姜末 5 克，鸡汤 5 勺，姜汁、酱油各 4 勺，味精、葱油、料酒各 1/2 勺。

[做法]

1. 将海参处理干净，整个放入凉水锅中，用大火烧开，约煮 5 分钟捞出，沥净水，再用鸡汤煮软并使其进味后沥净鸡汤；把葱、青蒜切段。
2. 将炒锅置于大火上，油烧到八成热时，放入葱段，炸成金黄色时，炒锅端离火，加入鸡汤、料酒、姜汁、酱油、糖和味精，上屉用大火蒸 1 ~ 2 分钟，滗去汤汁，留下葱段。
3. 锅内加入炸好的葱段、海参、盐、清汤、糖、料酒、酱油、糖，烧开后移至小火煨 2 ~ 3 分钟，上大火加味精用淀粉勾芡，用中火烧至收汁，放入葱油即可。

梅菜五花肉

[食材]

带皮猪五花肉 450 克，梅干菜 150 克，红椒末少许。

[调料]

酱油 2 勺。

[做法]

1. 把猪肉的肉皮刮洗干净，放入冷水锅中，上火煮至八成熟，捞出用净布擦去肉皮上的水分，趁热抹上酱油。
2. 锅上火，倒入清油，烧至八成热，将五花肉皮朝下放入锅中炸至呈深红色，捞出凉凉，皮朝下放在砧板上，切成 7 厘米长、2 厘米厚的大片，要把皮切断。
3. 将肉皮朝下整齐地码在碗内，肉上放梅干菜，均匀倒入酱油，入蒸锅蒸约 30 分钟至肉软烂，取出扣在盘子里，撒上红椒末即可。

什锦蒸饭

[食材]
大米 100 克。
[调料]
西红柿 200 克，肉肠 20 克。
[做法]
1. 将肉肠切丁；大米淘净；西红柿切丁。
2. 取饭碗先装大米，放适量水，再放肉肠丁，放锅内蒸至九成熟，放切成丁的西红柿，蒸熟即可。

新式煎鳕鱼色拉

[食材]
鳕鱼 100 克，西红柿 50 克，黄桃罐头 10 克，淀粉 3 勺。
[调料]
盐少许，料酒 1/2 勺，色拉酱 1 勺。
[做法]
1. 鳕鱼切成厚片，撒上盐、料酒腌渍 10 分钟。
2. 锅内倒入油，待油烧至七成热的时候，在鳕鱼表面拍上淀粉，放入鳕鱼煎熟后码入盘中。西红柿和黄桃切成丁，加入色拉酱搅拌均匀。
3. 将西红柿和黄桃色拉浇在鳕鱼上即可。

番茄酱拌炒萝卜

[食材]
胡萝卜 70 克。
[调料]
干辣椒 2 克，麻椒 10 克，番茄酱 2 勺，盐适量。
[做法]
1. 把胡萝卜去皮切成段，干辣椒切成丝。
2. 锅内倒入油，待油烧热后，下入麻椒和干辣椒炝锅。
3. 倒入胡萝卜翻炒后盛出。
4. 吃的时候，把炒好的胡萝卜拿出来，拌上番茄酱即可。

新式烧青鱼

[食材]
青鱼1条，西红柿50克。
[调料]
番茄酱1袋，葱、姜、蒜各20克、啤酒1瓶，盐适量，糖1勺，花椒、大料、酱油各适量，香叶、朝鲜盒装辣酱少许。
[做法]
1. 青鱼洗净，切段沥干，西红柿切成小块，姜拍扁，葱切段，蒜切片。
2. 点火放上炒锅，用姜片擦锅，放油，烧热后放入大料、花椒烹出香味，放入青鱼段、葱姜蒜、1/4瓶啤酒、西红柿、番茄酱翻炒一会儿，再倒入剩下的啤酒、糖、盐、酱油、香叶、朝鲜辣酱。
3. 开锅后，调好口味，连鱼带汤倒入高压锅里，焖30分钟即可。

炒烤肉

[食材]
烤羊肉250克，洋葱50克，香菜叶少许。
[调料]
盐适量，孜然2勺，鸡精1勺。
[做法]
1. 将洋葱表皮去掉，将洋葱切成丁。
2. 锅内倒入油，将油烧至八成热的时候，倒入洋葱、烤羊肉翻炒。
3. 然后加入盐、孜然、鸡精翻炒均匀，撒上香菜叶即可。

炸香蕉

[食材]
香蕉5个，鸡蛋清1/2碗，面包屑1/5碗，淀粉2碗，牛奶适量。
[调料]
无
[做法]
1. 香蕉剥去外皮，捣成泥；将香蕉泥、淀粉和牛奶搅拌成面团，然后做成小饼。
2. 蕉饼入蛋清、淀粉中拌匀，再均匀地蘸上面包屑。
3. 将香蕉饼投入热油锅中，炸至熟透且呈金黄色时起锅，装盘即可。

冬虫灵芝小排汤

[食材]
排骨150克，冬瓜小块，红枣5颗。
[调料]
盐适量，冬虫夏草15克，灵芝1朵，枸杞5克。
[做法]
1. 排骨洗净，剁开；冬瓜去皮和瓤洗净，切块。
2. 将排骨、冬瓜、冬虫夏草、灵芝1朵、枸杞、红枣、水一起放炖盅。
3. 隔水炖1小时即可。

芦荟蜜桃饮

[食材]
芦荟1块，桃1个，牛奶1/2杯。
[调料]
蜂蜜3勺。
[做法]
1. 将新鲜芦荟洗净，去除绿色部分的叶皮。透明叶肉切小丁；桃子洗净去皮，切成丁。将芦荟丁放入炖锅中，加入冷水煮滚。
2. 放凉后，滤取芦荟汁，和桃子、牛奶一起榨成汁。
3. 最后加入蜂蜜，搅拌均匀即可直接饮用。

胡萝卜牛奶

[食材]
胡萝卜1根，牛奶1杯。
[调料]
无
[做法]
1.胡萝卜洗净，切成块；牛奶温热。
2.将胡萝卜、牛奶一起倒入榨汁机榨汁即可。

烧豆花牛肉

[食材]
内酯豆腐、牛肉各 80 克，红尖椒 5 克，小葱叶少许。
[调料]
花椒 20 克，郫县豆瓣酱、酱油各 2 勺，糖 1/4 勺，鸡精、淀粉各 1 勺，葱、姜、蒜各适量。
[做法]
1. 把豆腐切成小块，然后放到加入盐的开水中泡一下。
2. 把牛肉切成块，加入相当于牛肉量 1/5 的水，让牛肉把水都吸收，牛肉吸收水分后，再放入少量的花椒粉和酱油腌一下，然后抓上一层淀粉备用。
3. 红尖椒切段，起锅，用葱、姜、蒜炝锅，然后放入花椒，炒出香味，放入郫县豆瓣酱，炒出红油，添水，转中火煮 10 分钟。
4. 水开后放入糖和花椒粉，再放入鸡精，调匀后放入豆腐，然后将腌好的牛肉放到锅中，转大火炖熟，放入红尖椒、小葱叶即可。

海带炒卷心菜

[食材]
卷心菜 300 克，海带 100 克。
[调料]
小葱 10 克，红辣椒 20 颗，蒜 5 克，盐适量，酱油 1 勺。
[做法]
1. 将卷心菜撕成小片，海带切成条。
2. 小葱切成段，红辣椒切圈，蒜拍碎。
3. 锅内倒入油，待油烧至七成热的时候，下入红辣椒段、蒜炒香。倒入海带条、卷心菜翻炒。
4. 最后加入盐、酱油、小葱，翻炒均匀即可。

小炒羊肚

[食材]
羊肚 200 克，香菜叶少许。
[调料]
香油 1 勺，酱油 2 勺，味精 1/4 勺，淀粉（豌豆）10 勺，大葱 3 克，姜 4 克，蒜 10 克。
[做法]
1. 将肚板片成片，放入开水中烫透。
2. 将酱油、料酒、味精、淀粉、葱、姜、蒜、白汤放一碗内，调成芡汁。
3. 炒勺上火，倒入油烧热，将肚片放入滑散，倒出沥油；再将肚片倒回勺中，倒入芡汁，颠炒均匀，淋入香油，出勺装盘，撒上香菜叶即可。

松炸土豆

[食材]
土豆 250 克。
[调料]
糖适量。
[做法]
1. 土豆洗净去皮，切成极薄的片，再切成细丝。
2. 用清水淘洗几遍，洗去淀粉，捞出后充分沥干水分。
3. 锅中放油烧至三四成热，下土豆丝改小火慢炸，边炸边用筷子拨散，以免相互粘连。
4. 炸至土豆丝呈金黄时马上关火，将土豆丝捞出沥干油分，装盘后撒上糖或花椒粉、辣椒粉，稍凉后即可享用。

芋儿牛肉

[食材]
牛肉 300 克，小芋子 200 克，香菜叶少许。
[调料]
香叶 2 克，辣椒干 5 克，料酒 1/2 勺，酱油、糖、味精各 1/4 勺，姜、蒜各少许，盐适量，地瓜粉少许。
[做法]
1. 先将牛肉切片，用料酒、酱油腌渍 10 ~ 30 分钟，入锅前再用地瓜粉抓匀；腌渍牛肉时，把芋子洗净放至高压锅高火煮烂，约 10 分钟，取出后过冷水去皮，切块备用。
2. 猪油少许热锅，锅至十成热再添少许冷油，牛肉（地瓜粉抓匀）入锅翻炒至八成熟起锅入碟备用。
3. 把锅洗净入油，先放姜、蒜、辣椒干，再把芋子下锅，翻炒片刻加 1/3 杯开水，酱油，待锅滚开下炒好的牛肉再翻炒，此时下少许料酒，少许盐、糖和香叶，盖上锅盖焖两分钟，出锅入盘，撒上香菜叶即可。

爆炒猪耳

[食材]
猪耳朵 500 克。
[调料]
蒜 8 克，姜 2 克，青、红椒 3 克，花椒 5 克，白芝麻 10 克，葱 5 克，盐适量，糖、酱油各 1/2 勺，料酒 1 勺。
[做法]
1. 猪耳朵清理干净后，加清水煮，煮到用筷子可插透，水要多一些；煮好之后切成条，备用，青、红椒切圈。
2. 葱切段；姜、蒜切片；锅里放油，爆香葱、姜、蒜、花椒；接着加入青、红辣椒爆香。
3. 放切好的猪耳朵；放酱油、料酒、糖，拌炒上色；炒至收汁，出锅前放入白芝麻即可。

拌双丝

[食材]
土豆、心里美萝卜各 500 克，香菜叶少许。
[调料]
盐适量，醋 1 勺。
[做法]
1. 将土豆和心里美萝卜洗净，去掉皮，切成丝。
2. 锅内倒入油，待油烧至八成热的时候，下入土豆丝炸成金黄色，然后捞出沥干油。
3. 将心里美萝卜丝和土豆丝放在一起，加入盐、醋搅拌均匀，撒上香菜叶即可。

爆炒羊肚

[食材]
熟羊肚 200 克，大青椒 50 克。
[调料]
盐适量，酱油 1/2 勺，大葱 20 克。
[做法]
1. 准备好辣椒、大葱和熟羊肚；青椒洗净，去子切丝；大葱切斜刀，然后把羊肚切丝备用。
2. 热锅放油，放入羊肚翻炒。
3. 放入大葱。
4. 待香葱变软，放入辣椒，加适量盐、酱油调味即可。

牛肉汤

[食材]
牛肉 250 克。
[调料]
盐适量。
[做法]
1. 牛肉洗净，切成片。
2. 放入水中，煮开后撇去浮沫，转小火炖 3 小时。
3. 最后加入盐即可。

PART 5

美丽窈窕的女性美食

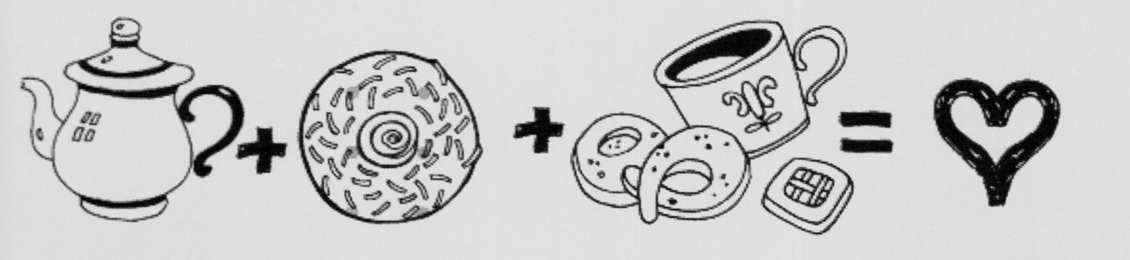

金银花草茶

[食材]
干金银花、干菊花、枸杞子、山楂各 5 克。
[调料]
无
[做法]
1. 将干金银花、干菊花、山楂洗净，放入烧开的开水中。
2. 以小火煎煮约 30 分钟，去渣取汁即可。

荷花鸡

[食材]
鲜荷花 100 克，鸡脯肉 250 克。
[调料]
蛋清 1 个，葱花 3 克，盐适量，料酒 1 勺，鲜汤 1/2 碗，水淀粉、姜汁各 1/3 勺。
[做法]
1. 将鸡脯肉洗净，切片，加入料酒、盐、蛋清、水淀粉拌匀上浆。
2. 荷花洗净，开水泡开后切成块状。
3. 锅内油烧至五成热，倒入鸡片熘至颜色发白时，放入荷花一同过油，然后捞出。
4. 锅内放入鲜汤、葱花、姜汁调味，用水淀粉勾薄芡，倒入鸡片、荷花，颠翻起锅即可。

槐花茶

[食材]
干槐花、干玫瑰各 1 撮。
[调料]
无
[做法]
1. 把干槐花、干玫瑰用水洗净，沥干水。
2. 一同放入茶壶内，取刚刚煮沸的开水沏泡 10 ~ 15 分钟即可饮用。

芹菜汁

[食材]
芹菜 1 把。
[调料]
蜂蜜 1 勺。
[做法]
芹菜洗净，用开水烫二三分钟，切细绞汁，调入 1 勺蜂蜜即可。

黄豆焖牛腩

[食材]
牛腩 400 克，干黄豆、胡萝卜各 30 克，枸杞子 10 克，葱丝少许。
[调料]
大葱 20 克，生姜 5 克，高汤 3 大勺，胡椒粉少许，盐适量，味精 1 勺，酒 1/2 勺。
[做法]
1. 牛腩洗净，切块，干黄豆泡透，洗净，生姜洗净，切末，葱叶洗净，切丝，胡萝卜洗净，后去皮切块，枸杞子泡洗干净。
2. 往锅里倒油，烧热，放入姜、牛腩爆炒干水分，倒入酒、高汤，用小火焖 20 分钟。
3. 然后再放入胡萝卜、黄豆、枸杞子，焖烂后加盐、味精、胡椒粉、葱丝，焖透入味后装盘，撒上葱丝即可。

韭菜炒香干

[食材]
韭菜、豆腐干各 100 克，香菇 50 克，红椒圈少许。
[调料]
盐适量。
[做法]
1. 香菇泡发后，去蒂切成片；韭菜洗净，切成段；豆腐干切成小片。
2. 锅内油热后下香菇片翻炒一会儿。
3. 然后倒入豆腐干片，继续翻炒。
4. 待香菇和豆腐干炒熟，倒入韭菜、红椒圈、盐，翻炒均匀即可。

芦荟西蓝花豆腐煲

[食材]
北豆腐 250 克，芦荟 100 克，西蓝花 200 克，胡萝卜 30 克。
[调料]
葱 2 克，盐适量，番茄酱 3 勺。
[做法]
1. 北豆腐切片；芦荟、胡萝卜切成丁，葱切成葱花。
2. 西蓝花用开水烫熟后捞出，沥干水分，码入盘子中，锅内倒入油，将北豆腐煎至金黄色，捞出，放在铺有厨房吸油纸上面，吸干油分。
3. 锅内留少许底油，待油烧至七成热的时候，放入葱花爆香，然后倒入芦荟和胡萝卜丁翻炒，加入盐、番茄酱、水翻炒均匀，待汤汁烧开后，放入煎好的北豆腐。
4. 小火煲 3 分钟，盛入放有烫熟的西蓝花的盘子中即可。

黄豆煨猪尾

[食材]
鲜黄豆 100 克，猪尾 400 克。
[调料]
蒜 30 克，料酒 2 勺，盐适量。
[做法]
1. 猪尾刮洗净幼毛，切段备用。
2. 蒜去衣洗净，拍碎备用。
3. 开锅下油，爆香蒜，放入猪尾翻炒至上色，下料酒，再加适量水，以盐调味后中火焖 20 分钟，然后加入鲜黄豆以慢火焖 30 分钟至猪尾变软即成。

柠檬水

[食材]
柠檬 20 克，苏打水 1/2 杯。
[调料]
糖 1/2 勺。
[做法]
1. 将柠檬洗净，切成片，用手将柠檬汁挤入苏打水中。
2. 加入糖搅拌均匀即可。

冰糖木瓜炖雪蛤

[食材]
雪蛤膏 10 克，木瓜 250 克。
[调料]
冰糖 250 克。
[做法]
1. 将雪蛤膏盛在大碗里，先用 70 摄氏度温水浸泡两小时后换水，连续两次。再漂洗拣去残余杂质，捞干放进碗中，加入冰糖、清水，放进蒸笼蒸 15 分钟左右，取出滤干待用。
2. 木瓜洗干净外皮，在顶部切出 2/5 做盖，挖出核和瓤，去掉瓜子放入炖盅内。
3. 冰糖加清水煮至全部溶化，撇去汤面浮沫，然后放入雪蛤膏煲 20 分钟，滚后注入木瓜盅内，加盖，用牙签插实木瓜盖，隔水炖两小时即可。

红枣蒸板栗

[食材]
板栗 1000 克，红枣 10 克，香菜叶少许。
[调料]
蜂蜜 1 勺，糖 3 勺。
[做法]
1. 将板栗洗净，去皮。
2. 红枣洗净。
3. 把冰糖用一点热水化开，浇在板栗和红枣上面，然后上锅蒸 15 ~ 20 分钟。
4. 蒸好之后，再往上面淋上 1 勺蜂蜜，撒上香菜叶即可。

十全乌鸡汤

[食材]
乌骨鸡 1200 克。
[调料]
党参、百合各 10 克，当归、黄芪、锁阳、北沙参各 5 克，枸杞子、山药各 15 克，红枣、姜各 20 克，人参 2 克，料酒、盐、味精各适量。
[做法]
1. 将乌鸡宰杀后，去毛和内脏，用清水漂净血水；放入沸水锅中汆一下。
2. 当归、党参、黄芪、锁阳、百合、枸杞子、红枣、山药、北沙参、人参用清水泡洗净。
3. 锅洗净置大火上，倒入清水，放入乌鸡，然后放姜、料酒、当归、党参、黄芪、锁阳、百合、枸杞子、红枣、山药、北沙参、人参烧沸后改小火炖。
4. 至乌骨鸡软透，调入盐和味精，装入盛器内即可。

菊花茶

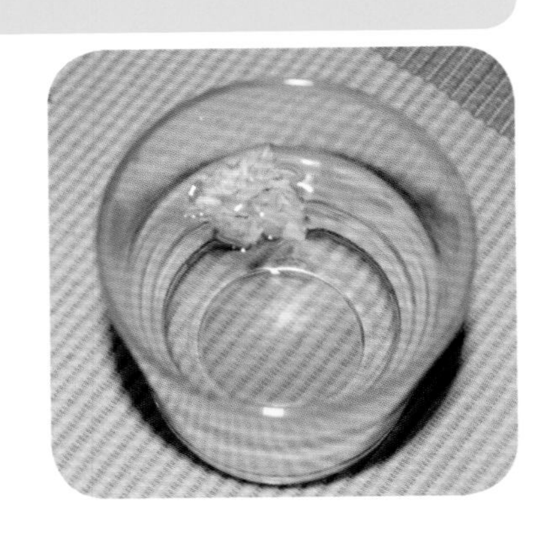

[食材]
干菊花 3 克，普洱茶 10 克，山楂 5 克。
[调料]
无
[做法]
1. 把普洱茶、菊花、山楂用水洗净，沥干水分。
2. 以热水冲泡。
3. 待茶香溢出时，撒上菊花，晾至温凉即可。

荷花首乌肝片

[食材]
鲜荷花 100 克，首乌粉、豆粉各 20 克，猪肝 200 克。
[调料]
葱、姜、蒜各 5 克，盐适量。
[做法]
1. 把荷花洗净，切成 3 厘米见方的片。
2. 姜切片，葱切段，蒜切片备用。
3. 猪肝洗净，切片，用首乌粉、豆粉抓匀。
4. 锅内油烧至六成热时，下入猪肝滑炒，随后放入葱、姜、蒜、荷花，调味即可。

甜脆银耳盅

[食材]
银耳 50 克，红枣 12 克，枸杞子 2 克。
[调料]
冰糖 2 勺，蜂蜜 1 勺。
[做法]
1. 将银耳洗净，用开水泡发，然后撕成小朵，去掉根部。
2. 红枣和枸杞子洗净。
3. 将银耳堆成原来的形状，加入红枣、银耳、冰糖蒸 40 分钟。
4. 最后食用的时候，淋上蜂蜜即可。

薄荷槐花茶

[食材]

薄荷 3 片，槐花 3 朵，绿茶 1 小撮。

[调料]

无

[做法]

1. 把薄荷、槐花、绿茶用水洗净，沥干水。
2. 将菊花、槐花、绿茶一同放入茶壶内，取刚刚煮沸的开水沏泡 10 ~ 15 分钟即可饮用。

蒜薹炒猪肝

[食材]

猪肝 200 克，蒜薹 20 克，红辣椒 5 克。

[调料]

葱末、蒜末各 5 克，盐适量，糖 1/2 勺。

[做法]

1. 将猪肝清洗干净后，切片。
2. 蒜薹洗净，切小段；红辣椒洗净切碎。
3. 锅内烧至八成热时，下辣椒、葱、蒜爆香，再下猪肝片翻炒。
4. 最后放蒜薹，加盐、糖调味即可。

毛豆拌菠菜

[食材]

毛豆 1 碗，菠菜 1 棵。

[调料]

盐适量，香油 2 滴。

[做法]

1. 毛豆洗净后，加入盐，煮熟。菠菜洗净，氽烫熟切末。
2. 将毛豆粒取出，和菠菜一起，加入盐、香油搅拌均匀即可。

养颜枸杞茶

[食材]
大枣、山楂、枸杞子、干桂花各 5 克。
[调料]
无
[做法]
1. 将大枣、山楂、枸杞子、桂花用开水冲烫一下。
2. 然后用开水冲泡 10 分钟即可。

瘦肉蒸丝瓜

[食材]
丝瓜 500 克，瘦肉 100 克。
[调料]
蒜末 30 克，枸杞子 10 克，盐适量。
[做法]
1. 枸杞子泡好备用。
2. 瘦肉切末，加盐和油腌 3 分钟。
3. 丝瓜去掉头尾，削皮洗净，切成 2 厘米的段，在中间用勺子挖个浅坑。
4. 然后将肉末放入丝瓜段的浅坑内，蒜末放在上面，每个丝瓜段加上枸杞子作装饰。
5. 入锅隔水大火蒸 10 分钟左右。

红酒雪梨

[食材]
雪梨 250 克。
[调料]
红酒 200 克。
[做法]
1. 将雪梨去皮和核，切成片。
2. 将雪梨片腌泡在红酒中，片与片之间稍有空隙。
3. 腌渍 1 小时即可。
4. 也可以在红酒中加入糖，使料理的味道更甜美。

香橙雪蛤

[食材]
橙子 200 克，雪蛤 10 克。
[调料]
冰糖 1 勺。
[做法]
1. 将雪蛤用凉水泡发 1 两小时。
2. 把雪蛤上的黑线去除掉，从水中捞出。
3. 橙子从一端切开，将内瓤挖出。
4. 把橙子瓤的一半和雪蛤搅拌均匀，和冰糖一起塞入橙子中；将橙子蒸 10 分钟即可。

桂圆花生茶

[食材]
带衣花生 10 克，干桂花、桂圆、枸杞子各 3 克。
[调料]
无
[做法]
1. 花生、枸杞子洗净，桂圆取肉。
2. 一起用开水煮 10 分钟。
3. 然后加入桂花冲泡 3 分钟即可。

瘦腰桃花蜜

[食材]
干桃花 5 克，枸杞子 3 克。
[调料]
蜂蜜 1/2 勺。
[做法]
1. 将桃花、枸杞子用开水冲烫一下。
2. 用开水冲泡 3 分钟。
3. 调入蜂蜜即可。

玫瑰当归茶

[食材]
干玫瑰 10 克，当归 3 克。
[调料]
红糖 1 勺。
[做法]
1. 将玫瑰花、当归洗净，加入水。
2. 用小火煎煮 5 分钟。
3. 加入红糖，调匀即可。

南瓜蜜豆

[食材]
红豆 1 把，南瓜 1 块。
[调料]
蜂蜜 2 勺。
[做法]
1. 南瓜洗净，去皮切成小块；红豆泡软。
2. 炒锅烧热，放入油，加红豆、南瓜和适量水在旺火上加盖焖烧 3 分钟，焖至南瓜熟。
3. 放入蜂蜜拌匀即可。

补血阿胶炖鸡

[食材]
鸡胸肉 250 克，阿胶 5 克。
[调料]
盐适量。
[做法]
1. 将鸡胸肉洗净，斩件，放入炖盅，加入阿胶。
2. 先将水煮开，将煮沸的开水适量加入到炖盅。
3. 将炖盅放入到有余下沸水的锅中，加盖小火炖约 1.5 小时。
4. 加入少许盐即可。

黄豆猪皮冻

[食材]

猪肉皮 750 克，黄豆 100 克。

[调料]

葱 1 克，姜 4 克，桂皮 2 克，大料 1 克，酱油 2 勺，料酒 1 勺，盐适量，味精 1/4 勺。

[做法]

1. 将猪肉皮用开水汆透，过凉水，刮洗干净，皮内肥膘刮掉不要。黄豆用凉水泡透。葱切段，姜切厚片。
2. 将黄豆入开水锅煮透，捞出待用。
3. 取锅上火注入清水，烧开后下入肉皮、姜、葱、桂皮、大料、料酒、酱油、盐，用大火烧开后改用小火煮焖，待肉皮有五成烂时，把用开水煮透的黄豆捞入肉皮锅中同煮，待肉皮完全煮烂、豆已完全熟透时，捞出葱、姜、桂皮、大料，加入味精，倒入长方形深盘内，待完全凉后凝结成冻时取出，用刀切成小块装盘即可。

烧辣猪皮

[食材]

猪皮 300 克，蒜 8 克，红椒丝 10 克，香菜叶少许。

[调料]

干辣椒 15 克、盐、糖、绍酒、麻油各适量。

[做法]

1. 烧开水把猪皮煮软，取出去毛，刮走猪皮下的油，用卤水卤熟，切 2 厘米正方形块状备用。
2. 开锅下油，爆香蒜片和干辣椒，下猪皮和红椒丝翻炒片刻，放少许绍酒，继续翻炒片刻。
3. 最后以盐、糖调味，加入少许麻油，撒上香菜叶即可。

虎皮扣肉

[食材]

带皮猪五花肉 500 克，小油菜 50 克。

[调料]

糖、味精各 1/4 勺，盐适量，姜 3 克，蒜 8 克，葱 1 克，辣椒 20 克。

[做法]

1. 锅内放少许油，烧八成热，小火，放糖融化琥珀色放水煮开倒小碗。带皮五花肉洗干净，皮朝下在火上烧干净毛，再放水里漂洗干净，用牙签在皮上扎满小洞。锅内放足够的水，加入糖水，烧开放入肉煮肉熟，趁热在肉皮表面上抹少许糖。
2. 放油，烧到七八成热，调中火，把肉的皮朝下放入锅中炸。把肉皮炸黄，捞出沥干油。锅内放水烧开，把整块肉肉皮朝下放入水中，继续煮两分钟，取出沥干水分；把肉切成块，皮朝下，在碗里排好，在上面均匀撒上盐；放高压锅内隔水蒸 25 分钟。
3. 蒸好的扣肉反扣在铺上烫熟的小油菜的盘子里，在上面撒上葱花，姜、蒜、辣椒切末，锅内放油，放少许盐入姜、蒜、辣椒爆香，加水，少许酱油、香油，煮开淋在扣肉上即可。

补水鱼冻

[食材]
大鱼 2000 克，红椒丝、黄瓜丝、生菜各少许。

[调料]
姜、辣椒各 10 克，蒜 12 克，茶油、盐各适量、酱油 1 勺、鸡精 1/4 勺。

[做法]
1. 将鱼处理干净，鱼肉切下留做其他料理，鱼头、鱼肚皮、鱼鳞、鱼鳍、鱼尾、鱼骨洗干净备用；姜切片，蒜剥干净拍扁，盐辣椒随意切成段。
2. 坐锅烧茶油，将做法 1 的材料下锅煎香煎黄，接着下姜片、蒜、盐辣椒一起煎一会儿；然后加水淹过所有材料高出 2 ~ 3 厘米左右煮开，撇去浮沫，转小火慢熬 30 分钟；最后加盐、酱油、鸡精调味，关火。
3. 取比较密的漏勺，将鱼汤过滤出来，所有杂质全部丢弃不要，如果有整块的鱼肉可以将刺挑选干净，将鱼肉撕成丝跟鱼汤放在一起。
4. 过滤好的鱼汤用碗装好，然后鱼汤凝固后，取出切条，放在铺有生菜的盘子上，撒上红椒丝、黄瓜丝即可。

腌黄瓜

[食材]
黄瓜 5 根。

[调料]
盐 1/2 碗，辣椒油适量。

[做法]
1. 黄瓜洗净，晾干水分。
2. 黄瓜切片后撒上盐，搅拌均匀。
3. 腌渍半天，食用时调入辣椒油即可。

绿茶虾仁

[食材]
绿茶 1 把，虾仁 60 克。

[调料]
盐适量。

[做法]
1. 将绿茶用 80 摄氏度水泡开，倒去第一道水，再注入第二道水。
2. 虾仁洗净。
3. 起油锅，先下虾仁炒至半熟，下盐调味，炒熟，最后加入泡好的绿茶即可。

浇汁驴冻

[食材]

驴肉 1000 克。

[调料]

料酒 250 克，盐适量。

[做法]

1. 将驴肉洗净，切成小块，放入大铝锅内，加水适量，煎煮，每小时取肉汁 1 次，加水再煮，共取肉汁 4 次。
2. 合并肉汁液，以文火继续煎熬，至稠时为度，再加入料酒、盐，至稠黏时停火。
3. 将稠黏液倒入盆内，冰箱冷藏即可。

拌油麦菜

[食材]

油麦菜 300 克，芝麻酱 30 克，干辣椒 5 克。

[调料]

盐适量，醋、酱油各 1 勺。

[做法]

1. 油麦菜用清水冲洗净浮尘，放入淡盐水中浸泡 3 ~ 5 分钟，冲净干净，切长段备用。
2. 芝麻酱加入清水稀释，用筷子沿一个方向搅拌，使芝麻酱和清水融合，继续加入清水、搅拌成均匀的麻酱汁。
3. 加入醋、酱油、干辣椒搅拌均匀，加盐调味即可。

醋熘黄豆芽

[食材]

黄豆芽 300 克，香菜叶少许。

[调料]

青椒、指天椒各 5 克，小葱 1 克，姜 3 克，蒜 7 克，醋、味极鲜酱油各 1/2 勺，大料 2 克。

[做法]

1. 黄豆芽洗净，青椒和指天椒切丝，锅中放油烧热，再放入大料、姜丝、小葱爆香。
2. 然后倒入黄豆芽，加入少许盐翻炒五分熟后，放入青椒和指天椒，翻炒七分熟时放入醋和味极鲜酱油，待翻炒熟后，放入蒜片，再翻炒几下出锅，撒上香菜叶即可。

五花肉烧豆腐

[食材]
五花肉 300 克，豆腐 100 克。
[调料]
姜 3 克，蒜 6 克，葱 1 克，盐适量，糖 2 勺，酱油 1 勺，大料 2 克，红椒少许。
[做法]
1. 将葱、姜、蒜洗净，切成片。
2. 五花肉洗净，用开水煮 20 分钟，捞出后切成块。
3. 锅内倒入油，待油烧至五成热的时候，放入糖、把糖熬化，然后倒入五花肉、葱、姜、蒜翻炒。
4. 加入开水、盐、酱油、大料、红椒，水开后转成小火炖，然后将豆腐洗净，切成块，在肉快炖好的时候加入锅中，焖 10 分钟即可。

银丝鲫鱼汤

[食材]
小鲫鱼 2 条，洋葱 1 棵，胡萝卜 1 段。
[调料]
盐适量，料酒 3 勺，蒜 3 瓣，香菜 1 根，枸杞 1 小撮。
[做法]
1. 将小鲫鱼刮鳞，剖腹取出内脏，除去鱼鳃，洗净后入滚水锅，氽一下捞出。
2. 洋葱切丝；胡萝卜、蒜切片；香菜切段。
3. 烧热锅后放入香油，先煸蒜、洋葱，后将小鲫鱼下锅煸干水分。
4. 再加入料酒、水滚烧，待汤汁收去 2/5 时，加盐调味，加入胡萝卜、香菜、枸杞即可。

香椿豆腐

[食材]
豆腐 300 克，香椿 150 克。
[调料]
盐、香油各适量。
[做法]
1. 香椿叶洗净用开水烫下，切碎。
2. 将豆腐放在锅内蒸一下，取出后倒掉水分捏碎。
3. 将豆腐和香椿放在一起加入盐、香油搅拌均匀。
4. 上笼蒸 15 分钟即可。

天麻炖老鸽

[食材]

鸽 1 只，天麻 1 块，火腿肉 50 克。

[调料]

盐、鸡精适量，料酒 2 勺，葱 1 棵，姜 1 块。

[做法]

1. 将鸽宰杀干净洗净外皮，肉鸽开腹，去内脏，洗净血水，入沸水中焯过；火腿、姜切片。
2. 炖碗内放入净鸽、火腿、天麻、清汤、葱段、姜片，上笼蒸两小时。
3. 取出，拣去葱、姜，加入盐、鸡精调味即可。

韭菜炒豆芽

[食材]

韭菜 200 克，豆芽 30 克。

[调料]

干辣椒 4 克，盐适量，鸡精 1 勺。

[做法]

1. 将韭菜洗净，切掉根部，切成段；然后把豆芽洗净。
2. 干辣椒洗净，晾干后切开。
3. 锅内倒入油，待油烧至八成热的时候，放入干辣椒炸香，然后倒入韭菜、豆芽翻炒。
4. 最后加入盐、鸡精调味即可。

什锦拌牛肉

[食材]

牛里脊肉 450 克，白萝卜 1 块，胡萝卜 1 块，豆苗 1 把。

[调料]

酱油 2 勺，醋 1 勺，香油 2 勺。

[做法]

1. 牛里脊肉切片，放入滚水中汆烫，捞出，立即浸入凉开水中待凉。
2. 白萝卜和胡萝卜洗净，切成丝；豆苗洗净，沥干。
3. 待牛肉放凉，捞出沥干，摆在盘中，加入酱油、醋、香油、白萝卜、胡萝卜、豆苗，调拌匀即可。

鸭肉海参汤

[食材]
烤鸭肉 100 克，海参 2 个，小油菜 1 棵。
[调料]
盐适量，酱油 1/2 勺，鸭汤 1 碗。
[做法]
1. 海参收拾干净切两半；烤鸭肉切块。
2. 砂锅加鸭汤、水烧开。
3. 加烤鸭肉、海参、盐、酱油，煮至海参熟再加入小油菜即可。

黑木耳炒肉

[食材]
黑木耳 250 克，猪肉 150 克，香葱段少许。
[调料]
姜 4 克，葱 1 克，蒜少许。
[做法]
1. 锅内放油烧到七成热，放入姜、蒜丝爆炒出香。
2. 放入猪肉爆炒变色，放酱油调味。
3. 放入木耳、香葱段，加盐、少许辣椒油大火快炒至熟。
4. 起锅前加葱即可。

西红柿炒洋葱

[食材]
西红柿 200 克，洋葱 60 克。
[调料]
盐适量，酱油 1/2 勺。
[做法]
1. 将西红柿、洋葱切成丝。
2. 锅内倒入油，待油烧热后，下入洋葱翻炒至软。
3. 然后下入西红柿、盐、酱油翻炒即可。

PART 6

健体的男性食谱

牛肉炖时蔬

[食材]
洋葱 200 克，大蒜 6 克，大红甜椒 50 克，番薯 450 克，牛肉块 500 克。

[调料]
盐适量，干百里香 1/2 勺，豌豆 340 克，冷冻玉米粒 200 克。

[做法]
1. 橄榄油入锅，用中火加热，倒入洋葱和大蒜，炒 5 分钟，至洋葱略呈金黄色。
2. 加入红甜椒和番薯，加盖焖煮约 5 分钟，至番薯开始变软。掺入 1 杯水、盐和百里香，煮沸。
3. 调至小火，加盖再煮 5 分钟，至番薯完全变软，然后拌入豌豆和玉米粒。
4. 牛肉块放在蔬菜上，加盖再煮 7 分钟，牛肉至嫩熟即可。

鸡肉山药粥

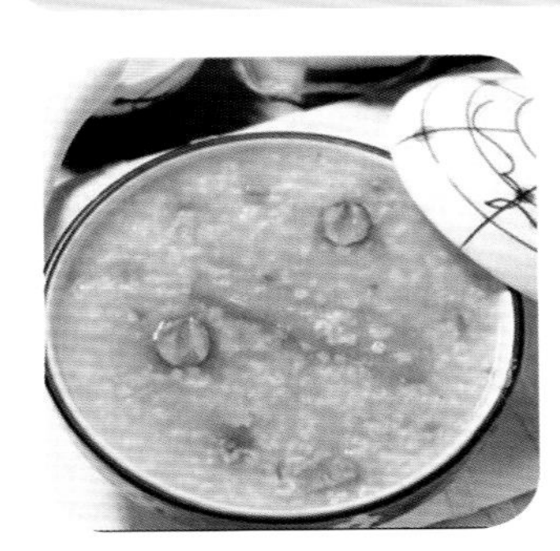

[食材]
鸡肉 100 克，山药 1/3 段。

[调料]
盐适量，鸡精 1 勺，料酒 1 小勺。

[做法]
1.将鸡肉洗净，放入锅里煮至极熟烂；鸡肉取出切碎后再放入；山药洗净，去皮切碎。
2.山药放入鸡肉汤中，煮至熟烂黏稠，放入盐、鸡精、料酒调味即可。

鲤鱼馄饨

[食材]
枸杞 20 克，馄饨皮 350 克，鲤鱼肉 200 克，鸡蛋 1 个。

[调料]
料酒 2 大勺，醋少许，葱 1 小段，姜 1 片，盐适量，鸡精 1 勺，香油 10 滴，葱末、姜末各 2 小勺。

[做法]
1. 枸杞洗净。紫菜撕成小片，鲤鱼肉洗净，剁成末，放入容器内，加入葱末、姜末、料酒、醋、盐、鸡精、鸡蛋清、香油，充分搅匀成黏稠状的馅。
2. 取一馄饨皮，放上馅，捏严成馄饨生坯，依次制好。
3. 砂锅内放入水，下入葱段、姜片，用大火烧开，拣出葱、姜不用，下入馄饨煮熟。
4. 最后加入盐调味，枸杞装饰即可。

鳗鱼米饭

[食材]

米饭 1 人量，烤鳗鱼串 4 个。

[调料]

无

[做法]

1. 把卷心菜洗净，切碎，放少许盐，几分钟之后把水挤干，铺在饭盒底部。
2. 把鳗鱼切成丁，摆在米饭上即可。

西红柿鸭蛋炒面丁

[食材]

面粉 1/2 小碗，西红柿 1/3 个，鸭蛋 1 个。

[调料]

蒜末少许，料酒 1 小勺，盐、鸡精、糖各适量。

[做法]

1. 面粉加入水和匀成软硬适中的面团，静置 10 分钟后按扁，擀成大片，再切成丁。
2. 将鸭蛋磕入容器内，加入料酒、盐充分搅散成蛋液，倒入方盒内，放入蒸锅内用大火蒸至熟透成蛋羹，切成丁；西红柿洗净，切成丁。
3. 锅内放入水烧开，下入面丁煮熟捞出；另将锅内放油烧热，下入蒜末炝香，下入鸭蛋羹丁炒匀，下入西红柿丁炒匀至熟，下入面丁，加入糖、盐、鸡精翻炒至入味，出锅装盘即可。

双色肉丁蒸饭

[食材]

大米 1 小碗，猪瘦肉 100 克，金针菇 10 克，胡萝卜 1 片，拘杞子少许。

[调料]

盐适量。

[做法]

1. 将大米淘洗干净，沥去水；猪肉洗净，切丁。
2. 锅内放入水烧开，下入胡萝卜、金针菇烧开，煮约两分钟捞出，待锅内水再烧开时，下入猪肉烧开，煮约 1 分钟捞出，沥去水。
3. 将猪肉用盐拌匀，盖上大米，加入适量水，码放上胡萝卜、金针菇、枸杞子蒸熟，取出用筷子挑散即可。

糖醋海参

[食材]
海参 1 个，青、红椒末适量。
[调料]
酱油 1 小勺，葱 1 小段，醋 1 大勺，糖 1 小勺，盐适量，香油 2 小勺。
[做法]
1. 海参切成粒，用糖腌 30 分钟洗净，放开水锅中烫一下，捞出备用。
2. 海参粒放入汤碟中，撒上葱末和青、红椒末。
3. 取碗放入醋、酱油、糖、盐调成汁，浇在海参上即可。

剁椒黄花鱼

[食材]
黄花鱼 4 条，辣椒 1 个。
[调料]
黄酒 1 大勺，剁椒酱 50 克，盐 1 小勺，酱油 5 大勺，糖 4 大勺，鸡精 1 小勺，香油适量，小葱 1 小段，姜 1 片，小葱末少许。
[做法]
1. 鱼收拾干净，打上花刀，加入盐、黄酒、葱段、姜片一起拌匀，腌渍两小时入味。
2. 干豆豉放入碗内加入温水，泡约 30 分钟，入笼蒸 1 小时取出待用。
3. 炒锅下入花生油烧热，投入腌渍好的鱼块炸至金黄色捞出。
4. 将葱段、姜片入锅中稍煸，投入鱼块，加鸡汤、糖、盐和剁椒酱一起烧。
5. 等烧沸后，改用小火至鱼块软糯，汁浓时加入鸡精、香醋、淋上香油起锅装盘，撒上小葱末即可。

糖醋排骨

[食材]
排骨 450 克。
[调料]
盐适量，花椒 1 小撮，高汤 1 小碗，芝麻 1 小撮，料酒 1 勺，醋 2 勺，糖 3 勺，葱、姜适量。
[做法]
1. 排骨洗净，斩成段，入沸水内出水，捞出装入蒸盆中，加盐、花椒、料酒、姜、葱、高汤入笼蒸至肉离骨时，取出排骨。
2. 锅置旺火上，油烧热时，放入排骨炸至呈金黄色捞出，然后倒入新油炒糖汁，加入高汤，下排骨、糖用微火收汁。
3. 汤汁将干时，加醋，待亮油起锅，撒上芝麻即可。

红烧鲍鱼

[食材]

鲍鱼 200 克。

[调料]

葱、姜、蒜各 10 克，糖 1/2 勺，酱油、料酒、淀粉各 1 勺，胡椒粉、鸡油、盐、味精各适量。

[做法]

1. 将活鲍鱼宰杀去内脏，撕去毛边，留肉用刷子刷干净，再片成两片；葱、姜、蒜切成小片。
2. 锅内油热时，将葱片、姜片、蒜片略煸，下入酱油，烧沸后用盐、料酒、糖、胡椒粉调好口味。
3. 再放入鲍鱼，烧至入味后，用淀粉勾芡，加入味精搅匀，淋些鸡油，即可出锅装盘。

香锅虾

[食材]

新鲜海虾 250 克，藕 100 克，洋葱 30 克。

[调料]

蒜 6 克，重庆火锅底料 50 克，豆瓣酱 1 勺，香辣豆豉酱 1/2 勺，糖、鸡精各少许。

[做法]

1. 去虾枪和虾须；藕切片，过开水焯熟；洋葱切粗丝；蒜切碎。
2. 锅里油烧热，下鲜虾变红后，盛出；留足够的底油，下洋葱和蒜爆香，再放入所有酱料和火锅底料，加少量开水，让火锅调料化开。
3. 放入过好油的虾，翻炒到虾均匀地裹上酱料，再放入焯熟的藕片，翻炒均匀即可。

红烧大肠

[食材]

猪大肠 200 克，冬茹 20 克，豆苗少许。

[调料]

味精 3 勺，糖 3 克，酱油 1/2 勺，麻油 1/8 勺，生姜、葱、蒜各 10 克，胡椒粉少许，湿生粉 20 克，清汤 1/2 勺，盐适量，红椒 20 克。

[做法]

1 猪大肠洗净，切条，冬茹切条，生姜切片，葱切段，蒜子切去二头，红椒切段。

2 烧锅下油，放入姜片、蒜子、冬茹、红椒、大肠煸炒至水干。

3 加清汤，调入盐、味精、糖、酱油、胡椒粉至汁浓时，用生粉勾芡，淋入麻油，撒上豆苗即可。

豆烧鲈鱼

[食材]
鲈鱼 750 克，黄豆 50 克，朝天椒 20 克。
[调料]
小葱 1 克，姜 2 克，蒜 6 克，盐适量，糖 2 勺，鸡精、酱油、料酒各 1 勺。
[做法]
1. 把鲈鱼去掉内脏、鳞，洗净，鱼身上切上花刀；黄豆洗净，泡开后晾干，锅内倒入油，待油烧至八成热的时候，放入黄豆炸熟。
2. 朝天椒洗净，切成段，把小葱洗净，切成葱花，将姜、蒜洗净，切成小片。
3. 锅内倒入油，待油烧至五成热的时候，放入糖，将糖熬化，然后放入鲈鱼，将鲈鱼两面煎成金黄色；加入姜、蒜、黄豆、鸡精、酱油、料酒、开水，待水煮开后，转成小火，炖 10 分钟。
4. 最后待汤汁快收干的时候，加入盐、葱花，将汤汁收干即可。

滋补蜂蜜核桃仁

[食材]
核桃仁 50 克，香菜叶少许。
[调料]
蜂蜜 1 勺。
[做法]
1. 生核桃仁洗净，焙干。
2. 加蜂蜜调匀，装饰上香菜叶即可。

西蓝花炒猪腰

[食材]
猪腰 300 克，西蓝花 100 克，胡萝卜 20 克。
[调料]
葱、姜、蒜各 5 克，料酒 1 勺，蚝油两勺，糖、盐、红薯粉适量。
[做法]
1. 将西蓝花洗净，切好后焯水，捞出放入凉开水内过凉，再捞出摆在盘边一周；猪腰切开两瓣，把里面白色的东西切掉，然后切花，用开水氽一下去臊味。
2. 将胡萝卜、葱、姜、蒜洗净，切好；蚝油、糖、盐、红薯粉，加上水，兑好搅匀。
3. 锅里放水烧开，放入姜、蒜、猪腰，过水大概 1 分钟（不要盖上锅盖），捞出过冷水后备用。
4. 将胡萝卜下油锅中炒一会儿，盛出；热油锅，放入姜、蒜爆香，再放入猪腰，翻炒片刻，加入已炒过的胡萝卜，加入料酒继续翻炒一会儿，再加入葱翻炒，等葱软后，加入兑好的调料，翻炒均匀，盛入盘中即可。

麻辣萝卜干拌肚丝

[食材]
猪肚 500 克，萝卜干 250 克，熟芝麻、香菜叶各少许。
[调料]
盐适量，味精、糖、香油各 1/4 勺，花椒粉 2 克，小葱 5 克。
[做法]
1. 将猪肚放入盆内，加盐、醋反复揉搓。
2. 使表面黏液脱落，洗净，入沸水锅中出水。
3. 再放入卤水中煮熟，捞起凉凉，改刀切成丝待用，萝卜干用水泡发后待用。
4. 肚丝与萝卜干中加入盐、味精、香油、花椒粉、糖，拌好味后，装盘，放小葱、萝卜干、熟芝麻、香菜叶即可。

西葫芦烧肉

[食材]
猪瘦肉 100 克，西葫芦 150 克，红椒少许。
[调料]
盐适量，番茄酱 2 勺，酱油 1/2 勺。
[做法]
1. 将猪瘦肉用加入盐的水完全煮熟。
2. 待猪瘦肉凉凉后，切成片；西葫芦、红椒切成片。
3. 锅内倒入油，油烧至七成热后，倒入猪瘦肉、西葫芦、红椒翻炒。
4. 加入盐、番茄酱、少许水，炒至汤汁收干即可。

蒸甲鱼

[食材]
甲鱼 1 只。
[调料]
料酒 2 大勺，盐适量，花椒 1 小撮，葱 1 小段，姜 1 片。
[做法]
1. 甲鱼活杀，去肠杂，洗净，斩件，并用开水洗去血水。葱、姜洗净。
2. 将净甲鱼放入沸水中烫 3 分钟，捞出，处理干净、切块。
3. 甲鱼肉放入蒸盆中，加入盐、料酒、花椒、姜片、葱段，盖上背壳，入笼蒸 1 小时取出，趁热服食即可。

烧甲鱼

[食材]

甲鱼 1 只，猪肉 100 克。

[调料]

酱油 3 大勺，盐适量，鸡精，胡椒粉各少许，枸杞 8 大勺，女贞子 25 克，熟地黄 25 克，蒜 1 头，姜 1 大块，葱 1 段。

[做法]

1. 甲鱼活杀，去肠杂，洗净斩件，并用开水洗去血水；将猪肉洗净，切成片，和枸杞、女贞子、熟地黄装入纱布袋中，封口。葱洗净，切段，姜洗净，切片。
2. 砂锅下油烧热，下姜、葱炒出香味，放盐、酱油、水、中药包烧开，倒入砂锅内加盖，置于小火上，放入甲鱼、胡椒粉，烧至甲鱼至软；蒜洗净，入笼蒸熟。
3. 将砂锅放置旺火上，加入蒸熟的蒜，待汤汁收浓时，拣出姜、葱、药包不用，加入鸡精搅匀入盘即可。

拌金钱肚

[食材]

金钱肚 400 克，豆苗少许。

[调料]

盐适量，味精、辣椒油各 1/2 勺，蒜泥少许，葱油 1 勺。

[做法]

1. 将金钱肚用适量清水煮熟，捞出沥净水分，然后切条。
2. 将金钱肚、盐、味精、辣椒油、蒜泥、葱油、豆苗即可。

清蒸鲍鱼

[食材]

鲍鱼 200 克。

[调料]

盐适量，料酒 2 大勺，鸡精 1 勺，醋 4 大勺，花椒 1 小撮，酱油 3 大勺，香油 5 滴，小葱 1 小段，姜 1 片，姜末适量。

[做法]

1. 鲍鱼收拾净，两面剞上斜直刀，由中间切开。
2. 将鲍鱼摆盘中，加料酒、鸡精、小葱、姜片、花椒和盐，上屉蒸 10 分钟左右取出，拣出葱、姜、花椒。
3. 碗内加入醋、酱油、姜末、香油兑成姜汁。
4. 食时，将姜汁与鲍鱼一起上桌，蘸姜汁吃即可。

红烧南非鲍

[食材]

南非鲍 250 克，西蓝花少许。

[调料]

酱油 2 大勺，鸡精、淀粉 (玉米) 各 1 大勺。

[做法]

1. 南非鲍洗净。
2. 炒锅放在旺火上，油烧热，倒入南非鲍，加入酱油、鸡精，烩至汁浓稠时用淀粉勾芡，装入汤盘即可。

小油菜烧鲍鱼

[食材]

鲍鱼 250 克，小油菜 1 棵。

[调料]

料酒 1 大勺，鸡精 1 勺，盐适量，淀粉 1 大勺。

[做法]

1. 小油菜、鲍鱼分别洗净备用。
2. 锅内放油，烧至六成热，加入鲍鱼以及料酒、鸡精和盐调味。
3. 烧入味后，以淀粉勾芡收汁，下入小油菜，盛盘即可。

酸菜炖黑鱼

[食材]

黑鱼 600 克，泡酸菜 100 克，泡红辣椒 25 克，香菜末少许。

[调料]

泡仔姜、葱花各 15 克，花椒 3 克，蒜 4 片，盐适量，料酒 1 勺，肉汤、熟菜油各 2 碗。

[做法]

1. 将鱼两面各切 3 份，酸菜捩干水分，切成细丝，泡红辣椒剁碎，泡仔姜切成粒。
2. 炒锅置中火上，下熟菜油烧至六成热，放入鱼炸至呈黄色时捞出。
3. 锅内留油，放入泡红辣椒、泡仔姜、葱花，再掺入肉汤，将鱼放入汤内。
4. 汤沸后移至小火上，放入泡酸菜，烧约 10 分钟，盛入盘；锅内加入醋，撒上香菜末即可。

孜然麻椒羊排

[食材]

精羊排1000克，青花椒（麻椒）、孜然各20克，干红辣椒3克。

[调料]

盐适量，花椒、葱花各10克，大料2克，姜6克，料酒1勺，孜然20克。

[做法]

1. 精羊排切好后，用油炸透炸酥。
2. 锅内留底油，将葱花、姜片、蒜丁炒香。
3. 将炸好的羊排倒入锅内，加入青花椒（麻椒）、干红辣椒、精盐、花椒、大料、料酒翻炒。
4. 在即将出锅前，放入孜然即可。

冬瓜香菇鸡杂汤

[食材]

鸡肠150克，冬瓜1块，香菇2朵，鸡肝100克，鸡肾100克。

[调料]

盐适量，姜1小块，生粉、生抽少许。

[做法]

1. 姜、香菇洗净，切片；冬瓜去皮和瓤，洗净，切块。
2. 鸡肠划开洗净，用盐、生粉、生抽拌匀，洗净，出水过冷水，切段。鸡肾切开并撕去膜，用盐擦过，再洗净切片，鸡肝切片。
3. 将冬瓜、姜置锅内，加水煲20分钟，再加鸡杂煮片刻，以盐调味即可。

酸辣鸡汤煲

[食材]

鸡1只，青、红尖椒少许。

[调料]

盐适量，胡椒粉少许，醋3大勺，料酒2勺，葱1段。

[做法]

1. 把鸡洗净，斩块；青、红尖椒、葱洗净，切段。
2 锅内油热后，下入鸡块、红尖椒翻炒；然后加入开水、盐、胡椒粉、醋、料酒、葱段。
3. 大火煮开后，转成小火煲1小时即可。

胡萝卜猪肝汤

[食材]
猪肝 200 克，胡萝卜 2 根。
[调料]
盐适量，姜 1 小块。
[做法]
1. 胡萝卜、猪肝、姜洗净、切片。
2. 锅中加水及姜、盐，沸后下猪肝，煮熟即可。

什锦炒牛肉

[食材]
牛肉 500 克，芦笋、胡萝卜、黄椒、红椒、蒜苗各少许。
[调料]
料酒 1 小勺，酱油 2 小勺，盐适量，姜少许。
[做法]
1. 将牛肉洗净，切成片；芦笋、胡萝卜、黄椒、红椒、蒜苗、姜洗净，切成条。
2. 将锅烧热，放入油，至六成热时，放入牛肉，爆炒至嫩熟。
3. 烹入酱油、料酒，放姜、芦笋、胡萝卜、盐、黄椒、红椒、蒜苗，再炒片刻即可。

辣椒甲鱼

[食材]
甲鱼 1 只，辣椒 1 小把。
[调料]
盐适量，醋 1 小勺，胡椒粉少许，香油 1 勺，葱 1 小段，姜 1 片。
[做法]
1. 甲鱼活杀，去肠杂，洗净斩件，并用开水拖去血水；葱洗净，切段，姜洗净，切片。
2. 另将锅内放入汤，加入料酒、醋，下入葱、姜、辣椒、甲鱼，用小火烧开，炖至微熟。拣出葱段、姜片不用。
3. 下入山药块，加入盐、胡椒粉烧开，继续用小火炖至熟烂，淋入香油，出锅盛入汤碗即可。

苦瓜炒土鸡蛋

[食材]
苦瓜 100 克，土鸡蛋 2 个。
[调料]
香葱 5 克，红椒 3 克，盐、糖各适量。
[做法]
1. 苦瓜洗净后，用勺子挖去内瓤，切片；鸡蛋打散，加入少许水，搅匀；香葱切末；红椒切丝。
2. 锅内倒少许油，油至七成热时，倒入蛋液，待边缘凝固时，用筷子顺一个方向搅动，待鸡蛋成型，放入碗中待用。
3. 锅内再放少许油加入香葱末、红椒丝，倒入苦瓜片一起炒，4 分钟左右时，加入炒好的鸡蛋、盐、糖，炒匀后起锅即可。

香菇烧草鱼

[食材]
草鱼 1 条，香菇 5 朵，黄瓜 10 克。
[调料]
黄酒 10 大勺，酱油 1/3 小碗，糖 1/3 小碗，胡椒粉少许，醋 1/3 小碗，淀粉 (豌豆)10 大勺，盐适量，鸡精 1 勺，姜少许。
[做法]
1. 草鱼收拾干净，打上花刀；姜切末，香菇、黄瓜切丁。
2. 煮锅放入水，烧开，放入草鱼，待水再沸时，掀盖撇去浮沫，放入香菇，继续煮 2 ~ 4 分钟。
3. 端锅，滗去部分汤水，留 250 克左右，加入黄酒、酱油、胡椒粉、姜等少许，待鱼皮朝上时，即可捞出直接放入盘中。
4. 在原汤的锅中，加入糖、胡椒粉、姜末、淀粉与醋调匀的芡汁，用手勺推成浓汁，浇在盘中鱼身上，撒上黄瓜丁即可。

桑葚酿馅鸡

[食材]
鸡 1 只，猪肉馅 150 克，竹笋 40 克，鸡蛋黄 2 个，虾米 10 克。
[调料]
盐适量，酱油 5 大勺，花椒 1 小撮，桂皮 5 克，八角 2 粒，糖色 1 克，淀粉 (豌豆)2 大勺，桑葚 6 克，葱 1 小段，姜 1 片，高汤 1 碗。
[做法]
1. 将鸡蛋黄加猪肉馅、高汤及葱、姜，虾米和桑葚切末，竹笋切丁拌成馅。
2. 将鸡洗净，把拌好的馅装入膛内。把鸡用开水烫出亮皮，抹上糖色。锅内放入油，油热时将鸡放入，炸至虎皮色时取出。
3. 把鸡肉放入大碗内，加上高汤、葱、姜、桂皮、八角、花椒，上屉蒸熟取出。
4. 锅内放原汤，加淀粉勾芡，浇在鸡身上即可。

原味蟹腿

[食材]

蟹腿 500 克，九层塔 20 克。

[调料]

青葱、辣椒、蒜末、姜末各 3 克，盐适量，鸡精 3 勺，糖、醋、米酒各 1/2 勺，沙茶酱适量。

[做法]

1. 蟹腿洗净，沥干备用。
2. 青葱切段，辣椒切片，九层塔挑嫩叶备用。
3. 热锅放入油，蒜末、姜末、葱段爆香，再放入蟹脚及其余的调味料翻炒数下，盖上锅焖煮约 1 分钟。
4. 打开锅盖放入九层塔，快炒入味即可。

油条炒丝瓜

[食材]

丝瓜 250 克，油条 100 克。

[调料]

蒜末 10 克，蚝油、水淀粉各 1 勺。

[做法]

1. 油条切小块放锅内煎至切口处焦黄，盛出。
2. 丝瓜洗净去皮切块。
3. 锅内油热后，放入蒜末爆香，下丝瓜翻炒。
4. 倒入蚝油，加入水淀粉勾芡，然后倒入油条翻炒均匀即可出锅。

酸味鳗鱼

[食材]

鳗鱼干 2 条，柠檬片、装饰蔬菜各少许。

[调料]

大料 2 克，醋 1 勺，味精、糖、香油、料酒、蚝油各 1/2 勺，盐、鸡汤各适量，蒜泥、葱、姜各 5 克。

[做法]

1. 鳗鱼干洗净，泡软，放入盛器内，加鸡汤、料酒、葱、姜、大料，入锅内蒸至熟软，放凉后撕成 1 厘米左右的粗丝。
2. 配料放入不锈钢盛器中加调料稍拌，放主料，拌匀，装饰上柠檬、装饰蔬菜即可。

麻辣章鱼仔

[食材]
章鱼仔 100 克，熟芝麻 30 克。
[调料]
蚝油 1/2 勺，盐适量，料酒 1 勺。
[做法]
1. 先将章鱼仔洗净，浸泡 1 小时左右，再切小块待用。
2. 蚝油炒章鱼仔，将章鱼仔炒成八分熟。
3. 再放入尖椒。
4. 差不多熟时，放入料酒、蚝油和盐，撒上熟芝麻出锅即可。

蟹黄鱼唇

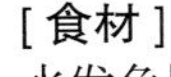

[食材]
水发鱼唇 250 克，干蟹黄 50 克。
[调料]
鲜姜 100 克，葱白 50 克，料酒 5 勺，味精 3 勺，水淀粉 15 勺，鸡汤 3 碗，鸡油、油、盐各适量。
[做法]
1. 姜去皮搅碎成泥，制成姜水。
2. 把葱切成末，取 1/2 葱末、1/2 姜末、盐，放在油中炒成金黄色，出香味后，拣去葱姜末备用。
3. 将鱼唇切成长条，放在开水中氽透控去水分；干蟹黄洗净去杂物，放入碗中加料酒、剩余葱、姜末、鸡汤，上屉蒸透，而后码入盘内。
4. 将鱼唇放入汤锅中，倒入鸡汤、料酒、盐、味精、姜水；用小火把汤煨至将干时，把鱼唇捞出摆在蟹黄上。
5. 另用炒勺倒入葱姜油，烧热后加入料酒、鸡汤、味精、盐、姜水。再把鱼唇、蟹黄一起放入勺中煨 10 分钟，用水淀粉勾成流芡，淋入葱姜油，随后大翻勺，再把鸡油淋入即可。

泡椒腰花

[食材]
猪腰 500 克，泡椒 100 克，黄瓜条 20 克。
[调料]
姜丝 15 克，大葱 20 克，蒜 8 克，干花椒 2 克，水淀粉、糖、料酒各 1 勺，盐适量，生抽、醋、味精各 1/2 勺。
[做法]
1. 将猪腰处理干净，切花刀，然后再切成大小合适的条；把切好的猪腰用水冲洗，然后沥干水分备用。
2. 在腰花里抓入水淀粉、盐、料酒备用；把泡椒切成丝，大葱切成节；取一个小碗，调入生抽、米醋、糖、味精、水淀粉和香油，搅匀后备用。
3. 锅中放入油，大火加热，待油七成热后，放入干花椒、姜丝、蒜片和泡椒丝，炒出红油和香味；然后倒入腰花，快速翻炒 10 秒钟，再淋入配好的汁水，快速翻炒几下，待料汁均匀地包裹在腰花上关火，装饰上黄瓜条即可。

咸肉鳝鱼烧丝瓜

[食材]

咸肉 250 克，鳝鱼 400 克，丝瓜 100 克。

[调料]

蒜 30 克，葱 10 克，姜 3 克，料酒、酱油、糖各 1/2 勺，麻椒 10 克。

[做法]

1. 将鳝鱼洗净后，切成段，咸肉切成薄片，丝瓜洗净后用手撕成片，蒜剥去外皮。
2. 锅中油热后，放入咸肉炒一会儿取出，锅中留底油，放入葱、姜、蒜、麻椒爆香。
3. 倒入鳝鱼段，炒片刻后，倒入咸肉片。
4. 加入料酒、酱油、糖和适量的水煮 20 分钟，放入丝瓜片即可。

枸杞烧猪蹄

[食材]

猪蹄 750 克。

[调料]

盐适量，黄酒 2 大勺，鸡精 1 勺，酱油 2 小勺，枸杞 10 大勺，葱 1 小段，姜 1 片。

[做法]

1. 将枸杞洗净，平均分成两份，一份加水煎煮，提取枸杞浓缩汁；另一份备用。
2. 将猪蹄刮洗干净，剁成段，投入沸水锅内略汆，取出同洗净。
3. 将猪蹄、枸杞和适量姜片放在瓦罐内，加入适量清汤、料酒、鸡精、酱油、葱、盐，先用大火煮沸，加入枸杞浓缩汁，改用小火炖煮，以猪蹄酥烂为度。

酱炒螺蛳

[食材]

田螺 500 克。

[调料]

豆瓣酱 50 克，干辣椒若干，黄酒 2 勺，糖、鸡精各 1 勺，葱 1 小段，姜 1 小块。

[做法]

1. 田螺要在水中泡半天，使其吐净泥沙；葱洗净切葱花；姜洗净，切片。
2. 取锅烧热，入油适量，待油热后放入干辣椒、田螺炒片刻，再加入豆瓣酱、姜片、料酒、糖、鸡精及少量水。
3. 焖烧至田螺肉熟，撒上葱花，即可起锅装盘。

口蘑肉汤

[食材]
瘦肉 150 克，口蘑 2 颗。

[调料]
料酒 3 大勺，酱油 1 大勺，盐，鸡精各适量，鸡精 1 勺，高汤 2 小碗，八角 5 粒，桂皮 5 克，淀粉 1 大勺，葱 1 段，姜 1 片。

[做法]
1. 将口蘑、猪肉洗净，切片，用料酒、盐、淀粉拌匀入味上浆；葱、姜洗净。
2. 锅内放油烧热，下入葱段、姜片炝香，下入肉片炒至变色，加高汤，拣出葱、姜不用。
3. 再加入料酒、酱油、鸡精、八角、桂皮、白蘑炖至熟烂，拣出八角，桂皮不用，加盐、鸡精即可。

首乌猪肝汤

[食材]
猪肝 125 克，菠菜 1 根。

[调料]
料酒 2 小勺，盐适量，鸡精、胡椒粉各少许，香油 5 滴，何首乌 50 克，葱 1 段，姜 1 片。

[做法]
1. 猪肝洗净，抹刀切成片；黄瓜洗净，切成菱形片；葱、姜洗净。
2. 将猪肝片放入容器内，加入料酒、胡椒粉拌匀，再加入鸡蛋清、淀粉拌匀上浆。
3. 砂锅内放入水，下葱、姜、何首乌烧开，煎煮 1 小时，拣出葱、姜、何首乌不用。
4. 下入猪肝片用大火烧开，煮约 1 分钟，撇净浮沫，再下入菠菜，加入盐、鸡精、香油即可。

清炖蟹粉狮子头

[食材]
猪肋条肉 500 克，油菜心 12 棵，蟹粉 100 克，淀粉 12 勺。

[调料]
味精 1/2 勺，盐、葱、姜汁适量，绍酒 1 勺，青菜叶少许。

[做法]
1. 猪肉刮净、出骨、去皮；将猪肋条肉剁成细粒，用酒、盐、葱姜汁、淀粉、蟹粉拌匀，做成 6 个大肉圆，将剩余蟹粉分别粘在肉圆上，放在汤里，上笼蒸 50 分钟，使肉圆中的油脂溢出。
2. 将切好的油菜心用热油锅煸至呈翠绿色时取出；取砂锅一只，锅底安放一块熟肉皮，将煸好的油菜心倒入，再放入蒸好的狮子头和蒸出的汤汁，上面用青菜叶子盖好，盖上锅盖，上火烧滚后，移小火上炖 20 分钟即可；食用时将青菜叶去掉，放味精即可。

香煎多春鱼

[食材]
多春鱼 1000 克，面粉 1500 克。

[调料]
姜 4 克，料酒、美极鲜味汁各 1 勺，盐适量。

[做法]
1. 先把多春鱼冲洗，沥净水分备用。
2. 撒上少量盐，淋少许料酒去腥，放置 15 ~ 20 分钟。
3. 腌好的多春鱼一条条分别拍上干粉（稍稍抖动，以去除多余面粉）。
4. 锅内中高油温，先放入姜片，后下入多春鱼，转中小火煎至两面金黄，出锅前淋上几滴美极鲜味汁，撒上香菜碎末即可。

枸杞乳鸽汤

[食材]
乳鸽 600 克。

[调料]
糖、料酒各 1 大勺、盐适量，胡椒粉少许，枸杞 6 大勺，鸡汤 1 碗，葱 1 小段，姜 1 片。

[做法]
1. 将乳鸽剁开，入沸水氽透捞出，洗去血沫，备用；葱洗净，切段，姜洗净，切片；枸杞洗净。
2. 将鸽块盛在盘子里，放入葱、姜，加入鸡汤和枸杞，盖严后上笼屉蒸 1.5 小时左右。
3. 取出蒸好的鸽肉拣去葱、姜，加入糖、料酒、盐、胡椒粉，调好味，盛入汤盘内即可。

猪腰杜仲汤

[食材]
猪腰 300 克，枣 2 颗。

[调料]
盐适量，杜仲 30 克，鸡血藤 15 克，桑寄生 30 克，姜 1 小块。

[做法]
1. 杜仲去粗皮；将杜仲、鸡血藤、桑寄生、猪腰、姜、红枣洗净。
2. 猪腰去脂膜，切片。
3. 把全部用料一齐放入瓦锅内，加水适量，大火煮沸后，小火煮 1 小时，加盐调味即可。

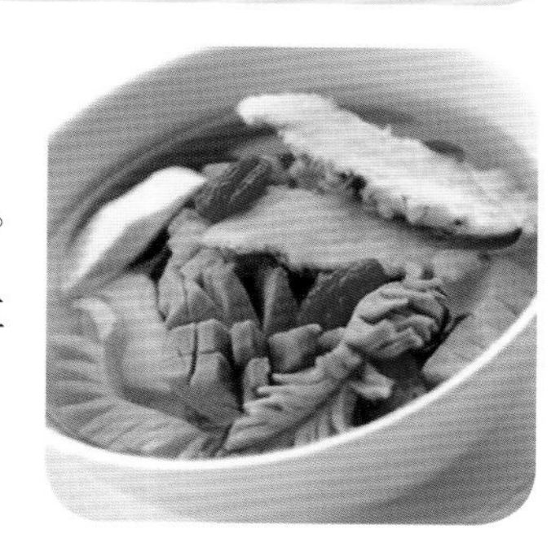

木耳拌鲜茸

[食材]
鲜松茸 250 克，木耳 10 克。
[调料]
葱白 10 克，香菜 5 克，醋、辣椒油各 1 勺，芥末少许，盐适量。
[做法]
1. 木耳提前泡发，换水，洗净；把松茸洗净；香菜切段；葱白斜切成片。
2. 将泡好的木耳、洗净的松茸用开水氽汤熟后，捞出过凉水，沥净水分。
3. 将木耳、松茸中加入醋、辣椒油、芥末、盐拌匀。
4. 在盘子上铺一层葱片，再铺上拌好的松茸，两侧放木耳、香菜点缀即可。

麻辣拌牛肉

[食材]
牛肉 300 克，豆腐 100 克，豌豆 50 克，香菜叶少许。
[调料]
香葱 2 克，蒜 6 克，辣椒粉 10 克，花椒粉 5 克，味精 1/2 勺，水淀粉、豆豉、盐各适量。
[做法]
1. 豆腐去硬皮、硬边，切成丁；把牛肉洗净，切成丁；将葱、蒜洗净，切末；把豌豆洗净。
2. 豆豉碾碎后与花椒粉混合，把豆腐丁放入沸水中氽烫后捞出。
3. 往锅里放油烧热，先将葱、蒜爆香，再倒入牛肉炒至半熟，最后加入豆腐、豌豆、辣椒粉、花椒粉、盐、豆豉、味精翻炒均匀。
4. 最后用水淀粉勾芡，撒上香菜叶即可。

黄瓜皮炒肉筋

[食材]
黄瓜皮 50 克，肉筋 100 克，干红椒 8 克。
[调料]
盐适量，酱油 1 勺，蒜 4 克。
[做法]
1. 先将黄瓜皮加水泡 10 分钟，然后改刀切成 3 ~ 4 厘米长的段，抓干水备用。
2. 肉筋切相同长短的粗丝，用少许盐和酱油抓匀；然后把蒜瓣剁碎，干椒切丝。
3. 坐锅烧油下蒜末炒香，接着下肉丝划散炒至变色盛出。
4. 余油下干椒丝煸香，放黄瓜皮翻炒，倒入肉筋丝喷少许水焖一下即可。

PART 7

健康长寿的老年佳肴

开胃山楂

[食材]
山楂 500 克，冰糖 250 克。
[调料]
无
[做法]
1. 将山楂清洗干净，去蒂，从中间对半剖开，剔除山楂子。
2. 山楂放入锅内加冰糖和水放到火上煮开，煮开后改用文火炖至汤汁浓稠。
3. 凉凉后盛入碗中放进冰箱中保存即可。

木瓜薏苡仁粥

[食材]
薏苡仁 2/3 小碗，番木瓜 1 个，枸杞子少许。
[调料]
盐适量，鸡精 1 勺，糖 3 大勺，白术 15 克，白芍 8 克，柴胡 6 克。
[做法]
1. 薏苡仁洗净，泡透；木瓜洗净，切丁；白术、白芍、柴胡装成药包。
2. 砂锅内放入水，下入药包用大火烧开，再改用中火煎煮 30 分钟；下入薏苡仁烧开，煮至微熟；拣出药包不用。
3. 下入番木瓜丁、枸杞子搅匀、烧开，煮至熟烂；加入盐、糖搅匀、略煮，加鸡精即可。

香菇炖鸡腿

[食材]
琵琶腿 250 克，香菇 10 克。
[调料]
枸杞子 3 克，葱 1 克，姜 4 克，盐适量。
[做法]
1. 将香菇和枸杞子分别放入小碗中，用温水泡发，洗净，沥干水分，备用。
2. 将琵琶腿洗净，放入锅中，加入凉水，中火烧开后，小心地撇去浮沫，加入泡好的香菇、葱、姜末，转小火炖煮 30 分钟。
3. 将枸杞子放入锅中，继续加热 10 分钟，调入盐，离火，放凉。待鸡汤完全放凉后，用勺子小心地将鸡汤上面的浮油完全去除干净。
4. 只留清汤，再次加热后，即可趁热食用。

小米海参汤

[食材]

海参1个，小米1/2碗，小油菜1棵，枸杞1撮。

[调料]

盐适量。

[做法]

1. 海参收拾干净，切成两半；小油菜洗净。
2. 小米洗净，倒入锅中汤煮滚20分钟，用盐调味，再加入海参。
3. 待海参熟后，加入小油菜、枸杞即可。

腐竹烧木耳

[食材]

木耳45克，腐竹10克。

[调料]

盐适量，鸡精1勺。

[做法]

1. 将木耳洗净，用凉水泡发，然后撕成小朵，去掉根部。
2. 腐竹用凉水泡开，然后切成段。
3. 锅内倒入油，待油烧至八成热的时候，放入木耳，腐竹翻炒。
4. 加入少许水、盐、鸡精，待水烧开后，收干汤汁即可。

葱爆羊肉

[食材]

切片羊肉300克，洋葱30克，大葱40克，青、红尖椒片各少许。

[调料]

大蒜8克，淀粉适量，香油2勺，酱油、味精各1勺，醋1/2勺，糖3勺。

[做法]

1. 羊肉用酱油、味精、淀粉抓拌，腌渍10分钟后倒出多余汁料，沥干。
2. 洋葱洗净，切块，蒜洗净，切片，大葱洗净，切段，往锅里加油，烧热，倒入羊肉爆炒1分钟，盛出。
3. 往炒锅里加油，倒入洋葱、蒜、葱和青、红尖椒，煸两分钟至飘出香味，将炒过的羊肉入锅一同翻炒，并调入醋、香油、糖。
4. 炒锅中的所有材料煸炒两分钟后均匀盛入平底铁锅中，大火加热，用淀粉勾薄芡，盛出即可。

凉拌腐竹

[食材]
腐竹 250 克，红椒圈少许。
[调料]
盐适量，蒜 8 克，醋、味精、香油各 1/2 勺。
[做法]
1. 红椒放大碗内加盐拌匀，腌 15 分钟，轻轻挤去水分。
2. 用水将腐竹泡涨，下开水锅中氽一下，再用凉水过凉，捞起挤干，然后再切成小段。
3. 将黄瓜、腐竹与盐、蒜末、味精、醋、香油拌匀装盘即可。

什锦蔬菜

[食材]
心里美萝卜 250 克，樱桃小萝卜、樱桃西红柿各 150 克，黄瓜 70 克，生菜 100 克。
[调料]
尖椒 5 克，香葱白、甜面酱各 100 克，香菜叶 50 克，姜末、盐各适量。
[做法]
1. 心里美萝卜洗净，用刀切去皮，取靠近中心甜脆的部分，切成条；樱桃小萝卜洗净，剪去叶子；樱桃西红柿和生菜分别洗干净，黄瓜用刀划成两半，再对半划开，切成条；尖椒去子及蒂，切成长条；香葱白洗净，切成段。
2. 炒锅烧热，放入油烧温，加入姜末煸炒出香味，再放甜面酱，改小火拌炒，待面酱冒泡盛在小碟内。
3. 蔬菜摆放好，吃的时候，取蔬菜条蘸食即可。

干锅黄鳝

[食材]
鳝鱼 450 克。
[调料]
淀粉 3 勺，葱、蒜各 10 克，姜 5 克，料酒、盐各 1/2 勺，酱油、香油、醋各 1 勺。
[做法]
1. 将鳝鱼宰杀干净，剔取其肉，切成 8 厘米长、2 厘米宽的条放入碗中；以料酒、盐和淀粉调匀，将鱼肉挂糊。
2. 将酱油、醋、葱段、姜末、蒜、猪肉汤 1/2 碗放入碗中调成卤汁。
3. 炒锅置大火上，倒油，烧至七成热时，将挂糊的鳝鱼条下锅，炸约 3 分钟，待鳝鱼条展开时捞起。
4. 将锅内油烧至七成热时，将鳝鱼条下锅复炸，然后端锅离火余炸 3 分钟，再移大火上继续炸 1 分钟至金黄色捞出。
5. 炒锅中倒入卤汁以大火烧沸，用淀粉勾芡，放入鳝鱼条，将锅颠翻几下，淋入香油起锅装盘即可。

小炒驴肉

[食材]
熟驴肉 500 克，芹菜 20 克，洋葱 30 克，青、红椒圈各 15 克。

[调料]
葱、姜各适量，十三香粉 10 克，鸡粉少许，盐适量。

[做法]
1. 驴肉、芹菜、洋葱等切丁待用。
2. 锅烧热，加少许油，加葱、姜炝锅，后放入洋葱丁、芹菜丁煸炒，然后放入驴肉，加十三香粉、盐、鸡粉稍炒；加入香菜和青、红椒圈翻炒几下出锅即可。

红烧肉焖茄子

[食材]
五花肉 100 克，茄子 400 克。

[调料]
小茴香 1 撮，豆腐乳 1 块，干辣椒 8 克，蒜 4 克，姜、大料、桂皮各 2 克，香叶 1 克，盐适量，酱油、鸡精各 1/2 勺。

[做法]
1. 五花肉切大块，开水汆烫两分钟，捞出，锅里放少许油，汆烫过的五花肉，放入慢慢煸炒 5 分钟出。
2. 油放 1 块豆腐乳、酱油、糖调味上色，翻炒到颜色均匀分布在肉上；把开水倒入，水量没过肉。
3. 转换到砂锅中，小火炖肉，同时放香料（大料 1 个，香叶 2 片，小茴香 1 撮，干辣椒 2 个）。
4. 茄子放入炖肉中，继续炖大约 1 小时即可。

芥蓝煎鳕鱼

[食材]
银鳕鱼 3 条，芥蓝 200 克，洋葱 30 克。

[调料]
浓汤 2 碗，黄油少许，姜片 4 克，蛋清 2 个，生粉、胡椒各 5 克，盐适量，鸡粉 10 克。

[做法]
1. 鳕鱼去皮、骨，改刀切成长方形，加入洋葱、姜片、胡椒、盐、鸡粉、腌渍 30 分钟后吸干表面水分，加蛋清、生粉拌匀，入煎锅煎至金黄色。
2. 芥蓝用黄油炒制成熟，装点在鱼块旁，浇入浓汤即可。

清炒西蓝花

[食材]

西蓝花 500 克，胡萝卜片 10 克。

[调料]

盐适量。

[做法]

1. 将西蓝花洗净，撕成小朵。
2. 把西蓝花放入开水中汆烫一下。
3. 锅内倒入油，待油烧至八成热的时候放入西蓝花、胡萝卜片翻炒。
4. 往锅中加入少许汆烫西蓝花的水、盐翻炒即可。

鸡汤萝卜

[食材]

白萝卜 200 克，鸡架 100 克，小葱末、火腿肠丁各少许。

[调料]

白胡椒 10 克，盐适量。

[做法]

1. 将鸡架洗净，放入开水中用小火炖 1 小时；一边炖，一边将汤上的浮沫撇去。
2. 白萝卜洗净，去皮切成厚片。
3. 将白萝卜用开水汆烫一下。
4. 在鸡架汤炖好的时候，放入白萝卜、小葱末、火腿肠丁、盐、白胡椒等，白萝卜炖软即可。

红烧鹅掌

[食材]

鹅掌 750 克，冬菇 50 克，排骨、花肉各 250 克，火腿皮 25 克。

[调料]

姜 25 克，葱 1 克，香菜 15 克，生粉 40 克，绍酒、麻油各 1 勺，甘草、桂皮各 2.5 克，二汤 4 勺，尾油 50 克，胡椒粉 1 克，味精 1 勺，盐适量。

[做法]

1. 将鹅掌用刷子擦洗干净，斩去爪甲，然后斩为两段，用碟盛起，加入生粉、麻油拌匀，起锅下油，把鹅掌炸至深金黄色捞起，顺锅把冬菇、笋尖分别炸过，倒回笊篱。
2. 花肉、排骨分别斩为 2 ~ 3 块，用锅炒香，淋绍酒，放入二汤、火腿皮、盐、麻油、甘草、桂皮、姜、葱、香菜同滚。
3. 用炖钵落竹筷子两段和疏竹笪垫底；把鹅掌放入钵内；再把花肉、排骨连汤倒入鹅掌上面，用炭炉大火焙炖；炉火先武后文，炖至 30 分钟，投入冬菇、笋尖同炖 20 分钟，原汁约存 1 碗。
4. 用碗把鹅掌一只一只排落碗内；冬菇、笋尖也排占一角；然后把鹅掌筒装入碗内；花肉、排骨、火腿皮、姜、葱等物全部不用；将原汁灌入碗内；食前放入蒸笼，约 15 分钟取出，倒出原汁下锅，整碗鹅掌反扣落碟中；原汁加入味精，打芡，加胡椒粉、麻油、尾油，淋落鹅掌上即可。

炸虾天妇罗

[食材]

虾 2 只，低筋面粉 1 小杯，蛋黄 1 个。

[调料]

酱油 1/2 勺，高汤适量。

[做法]

1. 将蛋黄加入面粉中，搅拌均匀，根据面糊的状态，加入适量水，调成略微黏稠的糊状。
2. 将虾皮去掉，虾线取出，把虾从中间剥开；将虾肉部分裹上一层面粉，然后抖掉余粉后，裹上面糊。
3. 锅内倒入油，待油温烧至八成热的时候，下入虾，炸成金黄色即可。
4. 最后将高汤倒入酱油中，搅拌均匀就可以蘸着吃了。

猪肉韭菜荸荠煎饺

[食材]

饺子粉 500 克，猪肉馅、韭菜各 300 克，荸荠 100 克。

[调料]

盐适量，胡椒粉少许，料酒 1 勺，香油 2 勺，生抽 3 勺。

[做法]

1. 饺子粉放入盆中，掺入热水制成汤面团，放在一边饧制。
2. 荸荠洗净，去皮，切成细末备用；韭菜洗净，控水切碎。将猪肉馅放入大容器中，加入料酒、生抽、盐、胡椒粉、香油、盐搅打至上劲。
3. 韭菜和荸荠一起放入肉馅中，搅拌均匀制成馅。
4. 将饧好的面团搓条，切剂子，擀皮，包入馅，制成饺子状，将包好的饺子上笼蒸熟。
5. 饺子蒸好后取出，放置一会儿，取一平底锅，放油烧热，将蒸好的饺子煎至金黄装盘即可。

豆豉鲮鱼炒豇豆

[食材]

豆豉鲮鱼罐头 250 克，豇豆 300 克，红椒圈少许。

[调料]

糖 1 勺，香油少许。

[做法]

1. 豆豉鲮鱼撕成小块备用。
2. 豇豆洗净切段。
3. 利用罐头本身的油脂将豆豉爆香。
4. 倒入鲮鱼块炒香，加入豇豆快速翻炒。
5. 最后加入糖，淋入香油，装饰上红椒圈即可。

什锦炒饭

[食材]
隔夜米饭 100 克，香菇 5 克，胡萝卜 20 克。
[调料]
盐适量，鸡精 1 勺，酱油 3 滴。
[做法]
1. 将香菇洗净，去蒂切成片。
2. 胡萝卜洗净，去皮切成丝。
3. 锅里倒入油，待油烧至八成热的时候，倒入米饭翻炒。
4. 待米饭炒开后，加入香菇和胡萝卜，继续翻炒，最后加入盐、鸡精、酱油翻炒均匀即可。

三鲜烧卖

[食材]
富强粉 500 克，大虾肉 200 克，海参 100 克，马蹄末 50 克，猪肉 150 克。
[调料]
酱油 1 勺，姜 3 克，香油、料酒各 2 勺，盐适量。
[做法]
1. 富强粉烫熟，凉凉，揉成面团，揪成一个个的面团，按扁，刷上油，擀成有花褶的皮。
2. 猪肉切末、大虾切粒、海参切碎粒，加入调料，与马蹄末切成三鲜馅。用面皮将馅包起，拢成如小石榴状的包，中间开花张嘴，漏出一点馅心，上屉蒸熟即可。

苦瓜烧肥肠

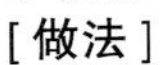

[食材]
肥肠 500 克，苦瓜 250 克。
[调料]
姜 5 克，葱 1 克，泡椒 10 克，郫县豆瓣酱 30 克，盐适量，糖 1/2 勺，味精、酱油各 1/4 勺，料酒 1 勺，鲜汤 1/2 碗，水淀粉 10 勺。
[做法]
1. 肥肠洗净放入水锅中煮至断生后捞出，切成条。苦瓜剖开去瓤，切成长 5 厘米、粗约 3 厘米的条。
2. 炒锅置火上，放油烧至四成热，放入郫县豆瓣酱、泡椒炒香，油呈红色，放姜（拍破）、葱炒香，掺入鲜汤药加入肥肠条、盐、料酒、糖、酱油，用小火烧至肥肠八成软熟；加入苦瓜至软熟入味，加味精，用水淀粉收浓汁，起锅装盘成菜。

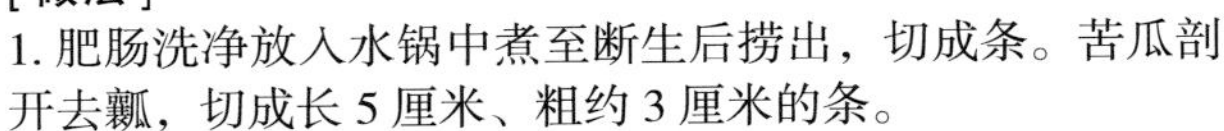

萝卜鱿鱼汤

[食材]

鱿鱼 1/2 个，白萝卜 1 大块。

[调料]

盐 1 小勺，鸡精 1 勺，香油 3 滴，鸡汤 1 碗。

[做法]

1. 鱿鱼去皮，切成丝；白萝卜洗净切成丝。
2. 沙锅内倒入鸡汤，汤开后下入白萝卜。
3. 等到白萝卜煮软后，加入鱿鱼、盐，待汤滚开后，淋入香油即可。

葡萄干莲子汤

[食材]

葡萄干 10 大勺，莲子 1/3 小碗，枸杞子少许。

[调料]

无

[做法]

1. 莲子剖开去芯；葡萄干洗净。
2. 去芯莲子与葡萄干、枸杞子一起装入瓦煲内，加水，用旺火烧开后改用小火，煲至莲子熟烂时停火，喝汤吃料。

爽口蕨根粉

[食材]

蕨根粉 150 克。

[调料]

蒜 10 克，小米椒、青椒圈、红椒圈各 2 克，醋 1 勺，酱油、糖、辣椒油、橄榄油各 1/2 勺，盐适量。

[做法]

1. 将小米椒、蒜洗净，切碎备用。
2. 将锅中的水煮沸，放入蕨根粉，煮 10 分钟后，捞出，放入冷水中浸泡至凉，捞出沥掉水分，放入盘中备用。
3. 将醋、酱油、糖、盐、小米椒碎、青椒圈、红椒圈、蒜碎分别倒入小碗中调成汁料，倒入煮好的蕨根粉中，倒上橄榄油拌匀，再均匀倒入辣椒油，撒上香菜段即可。

鸡肝银耳汤

[食材]

鸡肝 100 克，银耳 1 朵。

[调料]

姜汁 1 小勺，盐适量，淀粉 (豌豆) 少许，枸杞 1 撮。

[做法]

1. 先将鸡肝洗净切细；切细的鸡肝加入淀粉、姜汁、盐拌匀。将银耳泡发，撕成小朵。
2. 将炒锅上火，加入鸡汤及少许盐、鸡精，随即下银耳、鸡肝、枸杞同烧。
3. 待烧沸后，打去浮沫即可。

鸡肝菠菜汤

[食材]

鸡肝 200 克，冬笋 1 块，菠菜 1 棵。

[调料]

八角 2 粒，盐适量，白酒、姜汁各 1 大勺，枸杞 3 大勺，藕粉 1 大勺。

[做法]

1. 将鸡肝切片，放入煮滚的鸡汤内，放入姜汁，片刻捞起，便可去除腥味；冬笋洗净煮熟，切成薄片。
2. 菠菜用加盐的滚汤烫至青色时捞起，切成段。放枸杞和八角入汤内，煮 30 分钟，然后加入鸡肝和笋片同煮。
3. 煮片刻后，加盐调味，以粉使之成胶粘，并加少许白酒，最后加入菠菜即可。

豆角炒肉

[食材]

四季豆 200 克，猪肉 150 克。

[调料]

剁辣椒、干红辣椒、蒜片各 5 克，豆豉 10 克，酱油 1 勺，盐适量。

[做法]

1. 豆角洗净，切丝；猪肉切成小片。
2. 锅内油热后，爆香蒜片、干红辣椒、豆豉，放入肉片，炒成半熟，淋酱油出锅。
3. 锅内再加入油，油烧至五成热时，倒入切好的豆角，大火快炒到呈现深绿色时，放入肉片同炒。
4. 豆角和肉片都熟了时候，放入剁辣椒、盐，翻炒均匀即可。

熘炒黄花猪腰

[食材]

猪腰 500 克，黄花菜 50 克，青蒜、香菇各少许。

[调料]

盐适量，淀粉 1 小勺，葱 1 小段，姜 1 小块，蒜 1 瓣。

[做法]

1. 将猪腰洗净，切成腰花块；葱、姜、蒜切末；青蒜切段；香菇切块。
2. 黄花菜用水泡发，撕成小条。
3. 炒锅内把油烧热，先煸炒葱、姜、蒜；再爆炒猪腰、青蒜、香菇，至变色熟透。
4. 加黄花菜、盐，煸炒片刻，加淀粉，至汤汁明透即可。

红枣五味炖兔肉

[食材]

红枣 10 颗，黑豆 1/2 小碗，兔肉 200 克，马蹄 100 克，装饰菜叶少许。

[调料]

盐适量，高汤 1 大碗，五味子 10 克，姜 1 片，葱 1 小段，蒜 1 瓣。

[做法]

1. 黑豆洗净发透；五味子洗净；兔肉切块；马蹄去皮，一切两半；葱洗净，切段，姜、蒜洗净切片。
2. 把兔肉、红枣、黑豆、五味子、马蹄、姜、葱、蒜、盐同放炖锅内，注入高汤或水。
3. 把炖锅置大火上烧沸，打去浮沫，用小火煲 50 分钟至黑豆熟透，装饰上菜叶即可。

干锅牛蛙

[食材]

牛蛙 850 克，青蒜段 20 克。

[调料]

葱、姜、蒜各适量，糖 1 勺，酱油、郫县豆瓣酱各 2 勺，干辣椒 3 克，酱油 2 小勺，料酒 1/2 勺，黑胡椒 10 克。

[做法]

1. 先将主料洗净后剁成小块备用。接着开火，在砂锅中放少量的油，加入姜、郫县豆瓣酱和干辣椒，慢慢煸炒，直至煸出香辣味。
2. 再把牛蛙倒入锅中翻炒到颜色变白且和酱充分混合后，加酱油、糖再次煸炒，直至有黏黏的感觉时，再加料酒少量烧开。
3. 把烧开的牛蛙倒入事先准备好的砂锅中，再加水、酱油、蒜、青蒜一同炖 15 ~ 20 分钟。
4. 最后加入葱，撒上黑胡椒即可。

红烧胡萝卜

[食材]
胡萝卜 3 根。
[调料]
酱油 6 大勺，料酒 2 大勺，盐适量，糖 2 大勺，鸡精 1 勺，蒜 1 瓣，葱 1 段，姜 1 小块。
[做法]
1. 胡萝卜洗净，切成滚刀块；葱、姜洗净，切丝；蒜洗净，切片。
2. 将炒锅倒入油，油热后先放入葱、姜，炒出香味时，倒下胡萝卜块，炒透，加料酒、盐、糖，再加透量的水，盖上锅盖。
3. 烧开后改用小火烧至胡萝卜酥烂，放入蒜，用大火收稠汤汁，加鸡精，炒匀后盛盘内即可。

麻酱拌西红柿

[食材]
西红柿 4 个。
[调料]
麻酱 2 勺，盐适量，糖 2 大勺。
[做法]
1. 西红柿洗净切片。麻酱用水调开，调至浓稠状时，加入盐与糖。
2. 调好的麻酱淋在西红柿上，随用筷子轻轻拨动西红柿片，使麻酱淋匀入味即可。

平菇海带胡萝卜丝

[食材]
平菇 200 克，海带 1 片，胡萝卜 1 根，香菜少许。
[调料]
盐、米醋各适量，鸡精 1 勺，香油 2 小勺。
[做法]
1. 平菇、海带、胡萝卜均洗净，切丝。
2. 锅内加入水用大火烧开，下入海带丝略煮，再下入平菇丝焯熟捞出。
3. 加入萝卜丝、香菜段、米醋、盐、鸡精、香油拌匀，装盘即可。

法式蜗牛

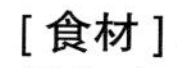

[食材]

蜗牛肉 500 克，洋葱 100 克，土豆 300 克，胡萝卜 50 克。

[调料]

蒜 30 克，牛肉高汤 7 勺，黄油 20 克，食盐、桂皮适量，胡椒粉 10 克，辣椒油 1/2 勺，白兰地各少许。

[做法]

1. 将土豆上笼蒸熟后去皮，压成细泥，铲入碗加盐和少许白脱油拌匀，制成土豆泥待用；然后将蜗牛肉洗净后放入锅中，加洋葱、胡萝卜、芹菜梗留叶待用，桂皮和适量清水煮 10 分钟捞出，去掉杂物。
2. 在热锅中倒入色拉油，放入大蒜末，洋葱 70 克，蜗牛肉同炒，烹上法国白兰地，加盐，红油，胡椒粉和牛肉浓汤，文火焖 1 小时至蜗牛肉稍烂时收浓汤汁。
3. 蜗牛壳洗净后在沸水中烫 1 ～ 2 分钟捞出。在每只蜗牛壳内镶入蜗牛肉，将芹菜叶剁成泥，加大蒜末和白脱油拌匀，调好奶油泥，分别封住蜗牛壳口。
4. 最后将土豆泥放入盘中，将蜗牛口朝上放在土豆泥上，然后上烤炉烤 1 两分钟左右即可。

红袍墨鱼仔

[食材]

墨鱼仔 500 克。

[调料]

四川泡辣椒、泡姜、葱各适量。

[做法]

1. 将墨鱼仔氽水，把四川泡辣椒、泡姜、葱一起炒香。
2. 加入调味料、墨鱼仔等速炒、勾芡即可。

牛肉春卷

[食材]

洋葱 50 克，牛肉 300 克，香菇 5 克，春卷皮 10 张。

[调料]

盐适量，鸡精、酱油各 1 勺，料酒 1/2 勺。

[做法]

1. 将洋葱表皮去掉，将洋葱切成丁。
2. 香菇洗净，用水泡发，然后去蒂，切成丁，牛肉剁成肉泥。
3. 将牛肉、洋葱、香菇、盐、鸡精、料酒、酱油均匀搅拌在一起，然后分别用春卷皮将做好的肉馅包起来。
4. 锅内倒入油，待油烧至七成热的时候，放入包好的春卷，炸成金黄色即可。

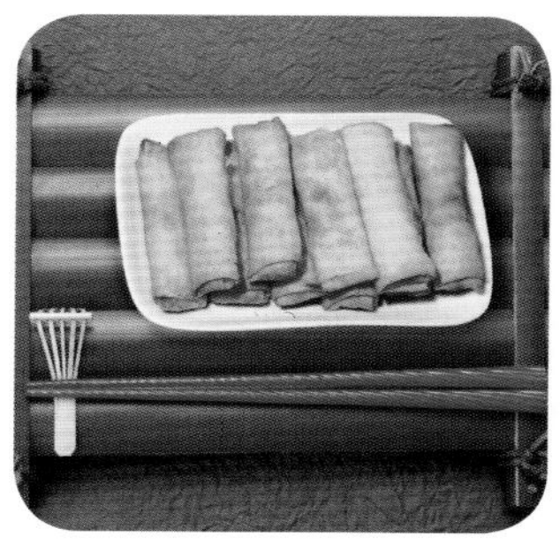

海苔西红柿土豆卷

[食材]

西红柿 100 克，洋葱 30 克，土豆 20 克，烤海苔 1 片。

[调料]

盐适量。

[做法]

1. 将土豆煮熟后，去皮碾成泥。
2. 西红柿和洋葱洗净，切成丁。
3. 将西红柿、洋葱丁和土豆泥加入盐搅拌均匀。
4. 最后卷入烤海苔中即可。

西红柿香菇煲鸭肉

[食材]

西红柿、鸭肉各 100 克，香菇 5 克。

[调料]

姜末 15 克，鸡精少许，盐适量。

[做法]

1. 西红柿去皮切成块；提前将香菇用温水泡发挤干水分后，切成丁。
2. 锅中放入适量水烧开，将鸭肉放入煮熟。
3. 放入西红柿块、香菇丁一起煮开。
4. 转小火熬出香味，用盐和鸡精调味即可。

茯苓红豆包子

[食材]

红豆 1/3 小碗，面粉 1 大碗。

[调料]

茯苓 15 克，糖 10 大勺，酵母 1 勺。

[做法]

1. 把茯苓、红豆烘干，打成细粉，加入糖，上笼蒸熟，待用。
2. 面粉加入水，酵母适量，揉成面团，搓成剂子，擀成皮待用。
3. 将红豆、茯苓、糖馅放入面皮，逐个包成包子生坯，蒸熟即可。

西红柿色拉

[食材]
西红柿 100 克，西蓝花 400 克。
[调料]
色拉酱 1 勺。
[做法]
1. 西红柿洗净，切成片。
2. 西蓝花洗净，撕成小朵，用开水汆烫后捞出，凉凉。
3. 将西红柿、西蓝花色拉酱均匀搅拌在一起即可。

腊味蒸娃娃菜

[食材]
娃娃菜 1/2 碗，腊五花肉 150 克，香菜叶少许。
[调料]
高汤 100 克，米酒 1 勺，盐适量。
[做法]
1. 娃娃菜竖切成两半，开水汆烫，切成小段。
2. 腊五花肉切成薄片。
3. 将娃娃菜整齐地铺放在盘中，上面平铺一层腊五花肉。
4. 将高汤、米酒、盐兑成汤汁，浇在娃娃菜上，蒸 20 ~ 30 分钟，撒上香菜叶即可。

茭白猪肉包子

[食材]
面粉 1 大勺，茭白 200 克，胡萝卜 1/4 个，香菇 2 朵，猪瘦肉 200 克。
[调料]
料酒 2 小勺，盐适量，鸡精 1 勺，食用小苏打 1 小勺，酵母 1 勺，葱末、姜末各 1 大勺。
[做法]
1. 面粉加入酵母和水，和成面团。
2. 茭白、胡萝卜、香菇洗净分别剁成末；猪肉剁成末放入容器内，加入料酒、盐、鸡精、水，搅匀上劲至黏稠状，再加入花生油、葱末、姜末、茭白末、香菇末、胡萝卜末，拌匀成馅。
3. 食用小苏打水加入发酵的面团内揉匀，搓成条，揪成剂子，逐一擀成圆饼皮，放上馅，捏成包子生坯，用大火蒸约 20 分钟即可。

简易奶酪蛋糕

[食材]
低脂奶酪 250 克，新鲜奶油 1 杯，鸡蛋 2 个，面粉 3 大勺。

[调料]
糖 1/2 杯，柠檬汁 1 大勺。

[做法]
1. 在耐高温的器皿里涂上黄油。
2. 把面粉、低脂奶酪和鸡蛋在搅拌器里搅拌均匀。
3. 放在 180 度的烤炉里烤 40 分钟，将蛋糕表面烤至略微焦黄。
4. 将奶油用搅拌器打成可以拉出尖角。
5. 把蛋糕横着切开，涂抹上奶油即可。

党参萝卜炖排骨

[食材]
白萝卜 1 大块，排骨 350 克，小葱末少许。

[调料]
料酒、姜汁各 2 大勺，盐适量，鸡精 1 勺，汤 2 小碗，当归 8 克，党参 10 克，肉桂 4 克。

[做法]
1. 排骨剁成块；白萝卜洗净，切成块；当归、党参、肉桂装入药包。
2. 锅内放水烧开，下入排骨块氽去血污捞出；另将锅内放入汤，下入药包用大火烧开后，改用小火煎煮约 30 分钟，捞出药包不用。
3. 下入排骨块、料酒、姜汁、炖至熟烂；下入白萝卜、盐、鸡精略炖，出锅盛入汤碗，撒上小葱末即可。

金针菇拌小油菜

[食材]
小油菜 1 把，金针菇 1 把。

[调料]
酒 2 小勺，酱油 1 小勺，甜料酒 1 小勺，海带木鱼汤 3 大勺。

[做法]
1. 小油菜用开水焯一下切段。
2. 金针菇从中间一切为二，放在酒、酱油、甜料酒中煮一下，盛盘冷却。
3. 用酱油、海带木鱼汤，把所有的原料搅拌。

土豆鸭儿芹无油色拉

[食材]
土豆2个，鸭儿芹50克，香菇1朵。
[调料]
酱油1大勺、海带木鱼汤2大勺、醋1大勺。
[做法]
1. 土豆切丝，用水漂洗后用热水焯一下。
2. 鸭儿芹切段，用热水焯一下。
3. 香菇的柄切去，烤熟后切成细丝。
4. 用混合后的酱油、海带木鱼汤、醋将全部蔬菜搅拌。

绿豆莲藕汤

[食材]
绿豆1/2小碗，莲藕1块。
[调料]
冰糖适量。
[做法]
1. 先将绿豆洗净。莲藕洗净去皮切块。
2. 绿豆、莲藕与冰糖一起放入砂锅。
3. 加适量水煎至绿豆熟烂为宜。

排骨玉米汤

[食材]
排骨500克，玉米1根。
[调料]
盐适量，胡椒粉1小勺，葱1小段，姜1片。
[做法]
1. 排骨洗净，剁块。玉米洗净，切块。葱、姜洗净。
2. 锅中倒入适量开水，放入排骨、玉米，放入葱、姜、盐、胡椒粉，盖上锅盖。
3. 放在旺火上烧开后，转用小火炖1小时后即可。

虎皮尖椒

[食材]
青尖椒 500 克，豆豉 10 克。
[调料]
酱油、醋、糖、味精各 1/4 勺，盐适量，大葱 10 克，姜 2 克。
[做法]
1. 将青尖椒去蒂、子，洗净。
2. 葱、姜切丝。
3. 酱油、葱姜丝、糖、醋、盐，放入碗中调匀备用。
4. 炒锅注油烧热，下入辣椒煎至两面黄棕色，倒入调好的味汁、豆豉，加盖略焖，撒入味精即可。

豆腐青鱼丸汤

[食材]
豆腐 1 块，青鱼肉 150 克，小油菜心 1 棵，鸡蛋 1 个。
[调料]
料酒 2 小勺，醋、盐、鸡精各适量，糖少许，香油 10 滴，葱 1 段，姜 1 片。
[做法]
1. 将豆腐切丁；小油菜心洗净，切段；葱、姜洗净；青鱼肉洗净制成茸，加入料酒、醋、糖、鸡蛋清、香油和盐、鸡精各半，搅匀上劲至黏稠状。
2. 锅内放入水，下入葱、姜、豆腐烧开；将鱼茸制成小丸子，下入汤锅内用小火烧开，撇净浮沫。
3. 下入小油菜心、盐烧开，煮至熟透，加入鸡精即可。

枸杞川贝炖雪梨

[食材]
雪梨 100 克。
[调料]
枸杞子、冰糖、川贝粉各适量。
[做法]
1. 把雪梨洗净，切片去核。
2. 在蒸盅中放入冰糖、枸杞子和川贝粉，加入水。
3. 然后隔水炖 30 分钟即可。

金针豆腐汤

[食材]
豆腐1块，金针菇1把，海带1小片，芹菜叶。
[调料]
盐适量，鸡精1小勺，清汤2小碗，番茄酱1勺，葱、姜各少许。
[做法]
1. 金针菇洗净，切成段；豆腐切成条块；海带、葱、姜洗净，切成丝；芹菜叶洗净。
2. 锅内放入清汤、料酒，下入葱、姜、海带、金针菇烧开略炖。
3. 下入豆腐块、盐炖至熟透，下入芹菜叶、鸡精略炖，出锅盛入汤碗内，加入番茄酱即可。

猕猴桃饮

[食材]
猕猴桃3个，糖4大勺。
[调料]
无
[做法]
1. 将猕猴桃洗净，去皮，绞取汁液，加入糖。
2. 用温开水冲入搅匀即可。

焖小酥鱼

[食材]
鲫鱼500克，香菜叶少许。
[调料]
糖、醋、料酒各1/2勺，葱2克，姜丝、盐各适量，鸡精3勺。
[做法]
1. 把鲫鱼收拾干净。
2. 炒锅放入油，烧至六成热，把鱼放入锅中煎透。
3. 炒锅置中火上，放入适量鸡精、糖、盐、葱、姜、蒜炸锅，添水。
4. 置小火，直至汤烧干，撒上香菜叶即可。

大刀豆肉丝

[食材]
里脊肉 50 克，大刀豆 70 克，红尖椒 5 克。
[调料]
蒜 2 克，盐适量，酱油、料酒各 1/2 勺。
[做法]
1. 里脊肉切成丝，用盐、酱油、料酒腌渍 15 分钟。
2. 大刀豆、红尖椒切成丝，蒜切成片。
3. 锅内倒入油，待油烧至七成热的时候，放入里脊肉煸炒至变色，捞出。
4. 再倒入少许油，待油烧至七成热的时候，放入蒜煸香，倒入大刀豆、红尖椒翻炒，加入盐、酱油，少许水，炒至大刀豆变软即可。

青菜豆腐蒸

[食材]
南豆腐 50 克，油菜叶 10 克。
[调料]
煮熟的蛋黄 20 克。
[做法]
1. 油菜叶洗净，放入滚水中汆烫一下，捞出切碎。
2. 豆腐放入碗内碾碎成泥状，之后加入切碎的菜叶，调入盐和水淀粉搅拌均匀，再把蛋黄碾碎，撒在豆腐泥表面。
3. 大火烧开蒸锅中的水，将盛有豆腐泥的碗移入蒸锅中，蒸 10 分钟即可。

烧毛豆

[食材]
毛豆 500 克，胡萝卜丁少许。
[调料]
盐适量，鸡精 1 勺，大料 12 克，香叶 1 克。
[做法]
1. 将毛豆洗净，加入水、盐、鸡精、香叶、大料煮熟，腌渍 1 小时。
2. 把毛豆的外皮剥掉。
3. 锅内倒入油，待油烧至八成热的时候，倒入毛豆、胡萝卜丁翻炒。
4. 加入少许水，适量盐，待水滚开后即可。

榨菜鸡蛋汤

[食材]

榨菜120克，鸡蛋3个。

[调料]

盐适量，鸡精1勺。

[做法]

1. 榨菜稍洗一洗，切成丝，放冷水中稍泡，除去食用小苏打味；鸡蛋打匀。
2. 炒锅加少量油坐火中。
3. 油热下榨菜丝，稍炒，加入肉汤适量、鸡精，开后，打入鸡蛋，装汤碗内即可。

猪肝白菜汤

[食材]

猪肝150克，白菜1/6棵。

[调料]

盐适量，葱1小段，姜1片。

[做法]

1. 猪肝、白菜洗净，切片；葱、姜洗净。
2. 锅内放油少许，油热后放入姜、葱略爆。
3. 加入水，烧沸后投入猪肝，略氽即熟，先捞出放于碗内。
4. 将原来的汤加白菜叶加盐再煮，菜熟后连菜带汤盛入猪肝碗内即可。

银耳猪肝汤

[食材]

银耳1朵，猪肝50克，鸡蛋1个。

[调料]

盐适量，酱油1大勺，葱1段，姜1块。

[做法]

1. 银耳泡发，撕成小朵；猪肝洗净，切片；姜洗净，切片；葱洗净，切段。

2 把炒锅加水煮开，下入姜、葱、银耳、猪肝、酱油，煮10分钟即可。

鸳鸯汤

[食材]
虾仁 30 克，金针菇 1 小把，小油菜 1 棵，胡萝卜 1 小块。
[调料]
料酒 2/3 小勺，香油 2 滴，盐适量，鸡汤 1 碗。
[做法]
1. 金针菇洗净，胡萝卜洗净，切成丝，小油菜洗净分开。
2. 锅内倒入鸡汤放在火上，锅开后加入虾仁。
3.10 分钟后，倒入金针菇、胡萝卜、小油菜、料酒、盐烧开，淋入香油即可。

排骨莲藕汤

[食材]
排骨 500 克，莲藕 2 节。
[调料]
盐适量，胡椒粉 1 小勺，葱 1 小段，姜 1 片。
[做法]
1. 排骨洗净，剁块；莲藕择洗净，切块；葱、姜洗净。
2. 锅中倒入适量开水，放入排骨、莲藕，放入葱、姜、盐、胡椒粉，盖上锅盖。
3. 放在旺火上烧开后，转用小火炖 30 分钟后即可。

葱花蛋汤

[食材]
鸡蛋 3 个。
[调料]
酱油 2 大勺，盐适量，胡椒粉、鸡精各少许，葱 1 棵。
[做法]
1. 鸡蛋打在碗内搅散；葱洗净，切成葱花。
2. 锅中水开后，将搅散的鸡蛋液淋入，用手勺抄底轻轻地推动，加酱油、鸡精烧开，撒上葱花、胡椒粉即可。

扬州老干丝汤

[食材]
豆腐干 400 克，熟鸡肉 50 克，虾仁 50 克，熟鸡肫片 25 克，熟鸡肝 25 克，火腿 1 片，冬笋 1 块，小油菜 1 棵。
[调料]
虾子 3 克，盐适量，鸡汤 1 碗。
[做法]
1. 将豆腐干切成丝，然后放入沸水中氽烫，捞出；冬笋洗净，和火腿、熟鸡肉切丝。
2. 锅内倒入油，油热后放入虾仁炒至乳白色，起锅盛入碗中。
3. 然后锅中舀入鸡汤，放干丝，再将鸡丝、肫肝、笋放入锅内一边，加虾子置旺火上烧约 15 分钟，待汤浓厚时，加盐，盖上锅盖烧约 5 分钟离火，将小油菜洗净放入即可。

枸杞牛肝蒸饺

[食材]
面粉 1 小碗，牛肝 150 克，口蘑 3 颗，青豆适量。
[调料]
枸杞 20 克，料酒 2 小勺，醋少许，盐适量，鸡精 1 勺，香油 10 滴，蜂蜜 5 大勺，葱末、姜末各 1 大勺。
[做法]
1. 枸杞洗净，牛肝洗净，剁成泥。口蘑洗净，下入沸水锅中用大火烧开，煮约 5 分钟捞出，剁成细末。牛肝泥放入容器内，加入口蘑末、葱末、姜末、料酒、醋、盐、鸡精、香油搅匀成馅。
2. 面粉加入水和匀成软硬适中的面团，将面团搓成条，揪成剂子，逐一按扁，擀成圆薄皮，放上馅，捏成饺子生坯，放上青豆点缀。
3. 将饺子蒸熟即可。

亲子面

[食材]
玉米挂面 100 克，鸡肉 150 克，鸡蛋 1 个，胡萝卜 10 克。
[调料]
料酒 2 小勺，醋少许，盐适量。
[做法]
1. 将鸡蛋搅拌均匀，鸡肉切成块，胡萝卜洗净，切成丝。
2. 把鸡肉煮熟捞出。
3. 锅内倒入油，将鸡肉下入翻炒，然后转成小火，倒入鸡蛋和胡萝卜搅拌均匀，加入盐。
4. 锅内放入水，将面煮熟捞出，把卤倒在面条上即可。

叉烧汤面

[食材]
面条 300 克，叉烧 3 片，口蘑 10 克，甜玉米 15 克。
[调料]
高汤 1 碗，盐适量，葱 1 段。
[做法]
1. 将面条煮熟捞出，放入高汤中。
2. 把甜玉米煮熟，葱洗净，切成丝，口蘑切片。
3. 将海带、叉烧、葱、甜玉米、口蘑放在面条上，撒上盐即可。

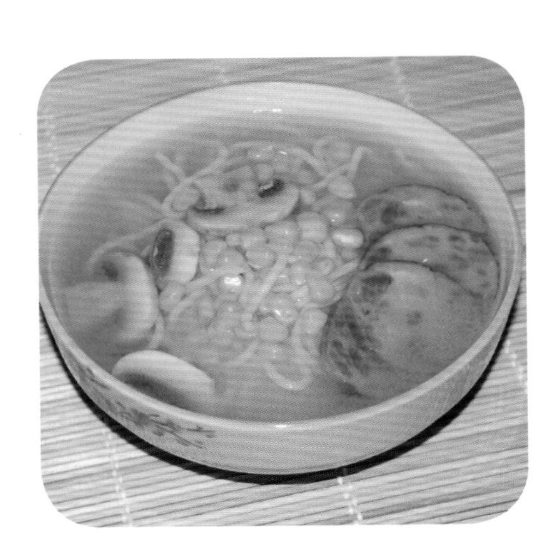

绿豆饭

[食材]
绿豆 1/5 小碗，粳米 2/3 小碗。
[调料]
无。
[做法]
1. 将绿豆淘洗干净，用水浸泡 4 小时，放入锅内，加水煮 30 分钟，待用。
2. 大米放入电饭煲内，加入绿豆及汁液，再加入水适量，如常规煲米饭，把饭煲熟即可。

罐烩灵芝鸭血羹

[食材]
灵芝 20 克，鸭血 100 克，鸡蛋清 1 个，金针菇 25 克。
[调料]
盐适量，鸡精 1 勺，高汤 2 碗。
[做法]
1. 将灵芝洗净切片；鸭血切丝；金针菇用温水洗净沥干水撕成丝，备用。
2. 鸡蛋清用中火摊成饼，切丝。
3. 将瓷罐放置火上倒入高汤，把灵芝放进去中火熬开后小火煨 30 分钟。
4. 放鸭血、金针菇煮 10 分钟，加入鸡蛋丝、盐和鸡精调味即可。

金针菇香菜肉片汤

[食材]
金针菇 1 小把，香菜少许，猪肉 25 克。
[调料]
盐适量，鸡精 1 勺。
[做法]
1. 先将香菜洗净切碎；猪肉洗净，切片。
2. 炒锅加水煮沸，下肉片、金针菇略煮。
3. 最后下香菜、盐、鸡精即可。

紫菜鸡蛋汤

[食材]
鸡蛋 2 个，紫菜 30 克，香菜叶少许。
[调料]
盐适量，鸡精 1 勺，香油 3 滴。
[做法]
1. 鸡蛋磕入碗中，充分打匀。
2. 汤锅置火上，倒入水，煮开后将鸡蛋均匀地倒入锅内。
3. 开锅放入紫菜煮片刻，加入适量盐、鸡精，淋香油，撒上香菜叶即可。

豆芽粉丝

[食材]
豆芽 750 克，粉丝 50 克，剁椒 30 克。
[调料]
蒜末、姜末、葱花各 10 克，糖 1/4 勺，盐、鸡精各适量。
[做法]
1. 豆芽洗干净，粉丝折断用温水泡十几分钟。
2. 锅中倒入油热，放蒜末、姜末爆香一下，然后倒入豆芽大火翻炒几下。
3. 再倒入粉丝，一起大火翻炒，可以适当加些水稍微焖几分钟，以免粉丝粘在锅边。
4. 然后倒剁椒，放入糖、盐继续翻炒下；最后加点鸡精、葱花就可以起锅了。

煲鲍鱼汤

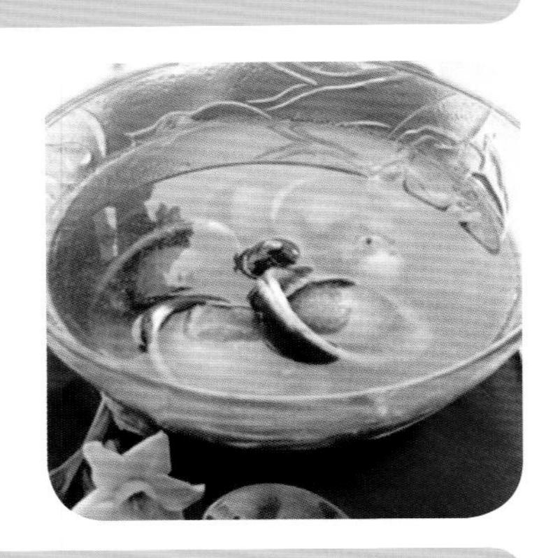

[食材]
鲍鱼 150 克。
[调料]
盐适量，陈皮 5 克。
[做法]
1. 将鲍鱼壳，肉分离；鲍鱼壳用水擦洗，鲍鱼肉洗净，切成片状。
2. 陈皮洗净，浸透；加水入瓦煲内，煲至水滚。
3. 放入全部材料，用中火煲 3 小时，加盐调味即可。

山药炒肉

[食材]
山药 500 克，木耳 20 克，瘦肉 30 克，香菜叶 10 克。
[调料]
盐适量，糖 1/4 勺，料酒 1 勺，生抽 1/2 勺，太白粉 1 勺。
[做法]
1. 将木耳泡水，发胀；山药去皮，切小条；瘦肉切小条，用所有调料腌渍 15 分钟。
2. 锅放水烧开，把山药汆烫至水再开，捞起沥干水分；原锅水把木耳汆烫 1 分钟，捞起备用；热锅冷油，把瘦肉炒至八成熟。
3. 放入山药和木耳炒匀。
4. 放盐和糖炒至肉熟透，撒上香菜叶即可。

桂花干贝

[食材]
熟干贝丝 25 克，鸡蛋 3 个，冬笋丝 20 克，香菇丝 20 克，金华火腿丝 20 克，五花肉丝 20 克。
[调料]
香菜 2 克，葱丝 10 克、姜 4 克，盐适量，鸡粉 1 克，白胡椒粉 5 克，绍酒 1 勺。
[做法]
1. 把干贝丝倒入蛋碗内；把蛋液和干贝丝调匀；里面放入盐、鸡粉、胡椒粉。
2. 倒入少许绍酒；炒勺上火烧热，注入适量烹调油，倒入配料；把配料炒匀炒透后出锅；把炒熟的配料稍冷却 1 分钟，倒入蛋液碗中。
3. 炒勺再次上火烧热，放入少许底油，油温四成热时倒入蛋液，然后把火调大，翻炒均匀便可出锅；出锅后撒上少许香菜即可。

PART 8

缓压排毒的职场餐

拌萝卜皮

[食材]
心里美萝卜 1000 克，花生米 20 克。
[调料]
辣椒面 10 克，醋、味精各 1/4 勺，盐适量。
[做法]
1. 取心里美萝卜去根须洗净，削 1 厘米厚皮并带点红心。自然风干 3 天，置于冰箱冷藏备用。
2. 碗内放辣椒面，将加至三成热的油倒入碗内，搅拌成辣椒油，备用。
3. 取较大容器盛萝卜皮，放入花生米、辣椒油、盐、味精、醋拌匀即可。

腊肠苦瓜

[食材]
腊肠 50 克，苦瓜 100 克，红椒 3 克。
[调料]
盐适量。
[做法]
1. 将腊肠洗净，蒸熟后切成片。
2. 苦瓜洗净，去掉瓤，切成片，用开水汆烫后放入凉水凉凉，然后捞出沥干水分。
3. 红椒洗净，去子切成丝。
4. 锅内倒入油，待油烧至八成热的时候，倒入苦瓜、红椒、腊肠翻炒，最后加入盐调味即可。

啤酒泡椒炖带鱼

[食材]
带鱼 300 克，泡椒 10 克，青、红尖椒各 10 克。
[调料]
香葱 1 克，盐、糖、醋、料酒、淀粉、姜、蒜、啤酒各适量。
[做法]
1. 将带鱼洗净，切成段，姜、蒜拍烂后，放入捣蒜容器中，加盐、料酒捣成泥，浇在带鱼上，腌渍片刻。
2. 锅中倒入油，将带鱼沾上一层淀粉入锅中，两面煎一下捞出。
3. 重起锅，倒油；下尖椒、葱、姜、蒜爆香，放入泡椒煸炒，加少许醋、糖、盐，放入啤酒，烧开后将带鱼放入，烧入味即可。

蒜末茼蒿

[食材]

茼蒿 500 克。

[调料]

蒜 10 克，盐适量，糖 1/2 勺，鸡精、醋各 1 勺，香油 2 滴。

[做法]

1. 将茼蒿洗净，在开水中汆烫一下。
2. 捞出凉凉，沥干水分。
3. 蒜洗净，拍碎后切成蒜末。
4. 将盐、鸡精、糖、醋、香油、蒜末加入茼蒿中搅拌均匀即可。

蒜拌黄瓜

[食材]

蒜 5 瓣，黄瓜 2 根。

[调料]

盐适量，醋 2 大勺，糖 1 小勺，香油 3 滴，葱少许。

[做法]

1. 将黄瓜、葱洗净，切丝；蒜洗净，切片。
2. 将黄瓜丝放入大碗中，加盐、葱、醋、蒜、香油拌匀即可。

酸味麻辣凉粉

[食材]

凉粉 300 克，花生米、小葱末各少许。

[调料]

油辣子 50 克，醋 2 勺，酱油 1 勺，蒜茸 50 克，葱花适量，糖 1/2 勺。

[做法]

1. 将凉粉中加入 1 勺凉开水搅匀，然后倒入 5 勺煮开的水里快速搅匀。
2. 小火煮到冒泡即可，稍凉后倒进饭盒里，放入冰箱冷藏到冻结。
3. 加入糖、醋、酱油、蒜茸、葱花以及油辣子、花生米、小葱末即可。

炖百合蛋汤

[食材]

鸡蛋 2 个，百合 1 棵。

[调料]

盐适量，鸡精 1 勺，香油 10 滴。

[做法]

1. 将百合浸泡一夜。
2. 洗净后放入锅中，加入适量的水，置旺火上炖 1 小时至酥烂。
3. 将鸡蛋磕开，去蛋清留蛋黄，充分拌匀，倒入汤锅搅拌；撒入盐和鸡精，淋入香油再略炖片刻即可。

西红柿色拉

[食材]

西红柿 2 个，橙子 1/2 个。

[调料]

蛋黄酱 1 大勺，低脂干酪 3 大勺，盐适量，胡椒粉少许。

[做法]

1. 把西红柿洗净，子除去，切成丁；将橙子洗净，果肉取出。
2. 把蛋黄酱、低脂干酪、盐、胡椒与西红柿和橙子混合拌匀即可。

山楂红枣汤

[食材]

山楂 5 颗，枣 5 颗。

[调料]

鸡内金 15 克。

[做法]

1. 将山楂、鸡肫皮洗净；红枣温水泡发洗净。
2. 将山楂、鸡肫皮、红枣一同放入锅中。
3. 加水煮沸后，用小火煮约 40 分钟即可。

玫瑰酸梅汤

[食材]

玫瑰花 10 克，乌梅 250 克。

[调料]

糖 6 大勺。

[做法]

1. 乌梅洗净放入不锈钢锅中，加入水，用旺火煮沸，撇去浮沫。

2. 用小火煮 30 ~ 40 分钟，撒入玫瑰花瓣与糖，煮至糖溶化离火。

3. 用纱布滤出汁水，沉淀后滗出清液即可。

金汁脆皮茄条

[食材]

茄子 250 克，面肥 100 克，淀粉（玉米）10 勺，小麦面粉 25 克，苏打粉 2 克。

[调料]

香油、味精各 1/2 勺，五香粉 1 克，花椒粉 3 克，盐、麻油各适量。

[做法]

1. 茄子去皮切成长条，放碗内，加盐、味精、五香粉、麻油腌渍半分钟。

2. 把面肥用水冲散，加入少许苏打，然后加入面粉、淀粉和少许油搅拌好。

3. 再加盐和味精调好口味备用，锅内放油烧至五成热，将茄条逐条托糊下锅浸炸。

4. 待茄条呈金黄色时捞出，控净油，装盘配花椒粉即可食用。

韭菜薄饼

[食材]

小麦面粉 100 克，鸡蛋 2 个，韭菜 50 克。

[调料]

盐、黑胡椒各适量。

[做法]

1. 鸡蛋打入面粉中，加适量水，搅拌均匀。

2. 取韭菜的叶，切碎，将切碎的菜叶加入面糊中，加 1 勺油、1 小勺盐、少许黑胡椒，拌均匀。

3. 置平底锅，锅底刷油，舀 2 勺面糊到平底锅里，轻晃平底锅，使面糊均匀分布在锅底。

4. 开小火，煎至凝固，翻个面继续煎至饼熟透即可。

粉丝娃娃菜

[食材]
娃娃菜 300 克，粉丝 40 克。
[调料]
蒜 12 克，海鲜酱油 1/2 勺，糖、醋各 1 勺。
[做法]
1. 锅中放水，烧沸，放入洗好的娃娃菜。
2. 将焯好的娃娃菜，摆盘，控出多余的水。
3. 用焯菜叶的热水焯一下粉丝，1 分钟捞出锅放入盘子中央。
4. 在锅中放少量油，将蒜瓣切成碎块，放入烧热的油中，在锅中放入海鲜酱油和糖，搅拌之后，关火，倒入盘子中央，即可食用。

西湖莼菜汤

[食材]
莼菜 50 克，玉兰笋、胡萝卜各 20 克，香菇 10 克，猪肉丝 30 克。
[调料]
鸡汤 1 碗，盐适量。
[做法]
1. 将玉兰笋、胡萝卜、香菇切成细丝。
2. 锅中加清水大火烧沸，放入玉兰笋丝、胡萝卜丝、香菇丝大火氽半分钟，取出控水；猪肉丝放入沸水中大火氽 1 分钟取出控水。
3. 锅中加鸡汤，大火烧开后放入莼菜、玉兰笋丝、胡萝卜丝、香菇丝、肉丝小火烧 2 分钟至汤开，加盐调味即可。

冰镇山药

[食材]
山药 200 克。
[调料]
番茄酱适量。
[做法]
1. 将山药洗净，去皮后切成长条。
2. 将山药条上笼屉蒸 10 ~ 15 分钟。
3. 待山药蒸熟凉凉。
4. 最后放入冰箱冰镇一下，倒上番茄酱即可。

蛋黄南瓜

[食材]

南瓜 400 克，咸蛋黄 4 个。

[调料]

盐适量。

[做法]

1. 南瓜去皮，切成条，大小长短适中，开水汆烫后捞出。
2. 咸蛋黄，用刀压碎。
3. 锅内油热后，放入蛋黄翻炒，待蛋黄冒泡，稍加一点点水。
4. 然后放入南瓜条、盐，翻炒均匀即可。

小炒蛏子

[食材]

蛏子 500 克，小红椒 15 克。

[调料]

料酒、酱油、糖各 1/2 勺，盐适量，葱 1 克，姜 2 克。

[做法]

1. 蛏子放入淡盐水中浸泡 1 小时，使蛏子吐净泥沙；再用牙刷刷洗干净，沥干水。
2. 炒锅烧热后放入油烧热，放入葱、姜丝、红椒煸出香味，放入蛏子大火翻炒。
3. 滴入料酒、盐、酱油、糖炒匀，等蛏子壳张开后即可出锅装盘。

鲜菇烧豆腐

[食材]

豆腐 1 大块，平菇 2 小朵。

[调料]

盐适量，鸡精 1 勺，蚝油 4 大勺，香油 2 滴，淀粉 (豌豆)1 大勺。

[做法]

1. 豆腐切小块，用沸水浸着备用；平菇洗净，切丝。
2. 用油起锅，加入豆腐推炒，再加平菇、水。
3. 滚开后用盐、鸡精、蚝油调味，最后用淀粉勾芡即可。

香菇苦瓜

[食材]

苦瓜 2 个，香菇 1 朵，胡萝卜 1/3 个。

[调料]

盐适量，糖 1 大勺，鸡精 1 勺，料酒 1 大勺。

[做法]

1. 苦瓜切粗丝放沸水中焯一下捞出；香菇放水中泡发，捞出切丝。
2. 胡萝卜切丝；炒锅置大火上，倒入油，烧热；先放入香菇丝和胡萝卜丝，煸至萝卜丝变软。
3. 倒入苦瓜丝煸炒透；加盐、料酒、糖和泡香菇的水。开锅后加入鸡精，炒匀后盛入盘内即可。

番茄酱魔芋

[食材]

韭菜 30 克，魔芋豆腐 200 克。

[调料]

干虾米 10 克，姜 5 克，胡椒粉少许，香油、番茄酱、盐、鸡汤、味精各适量。

[做法]

1. 韭菜洗净，魔芋豆腐切片，干虾米用水泡透洗净，姜去皮切丝。
2. 将魔芋片卷成卷，用韭菜捆绑住。
3. 烧锅下油，放入姜丝、干虾米炒香，注入鸡汤，下魔芋卷，用中火煮开。
4. 待煮到魔芋变色时，调入盐、味精、胡椒粉煮透，淋入香油。
5. 将魔芋卷捞出，沥净水装盘，再将番茄酱挤在魔芋卷上即可。

豆豉辣子苦瓜

[食材]

苦瓜 300 克，红椒 10 克，豆豉 1/2 勺。

[调料]

盐适量，鸡精 1 小勺。

[做法]

1. 将苦瓜洗净，从中间纵向剖开，除去里面的内瓤和子，切成条。
2. 红椒洗净，去掉蒂，然后去掉里面的子，也切成条。
3. 锅中倒入油，油温至八成热的时候，放入苦瓜和红椒翻炒。
4. 最后加入盐，翻炒均匀即可。

丝瓜豆泡

[食材]

丝瓜 500 克，豆泡 100 克，胡萝卜 50 克。

[调料]

葱花、姜末各适量，料酒 1/2 勺，盐适量，鸡精 1/4 勺。

[做法]

1. 丝瓜刮皮，切滚刀块，胡萝卜切小丁。
2. 大火上烧热锅中的油，先将葱花和姜末入锅，出香味；锅中放入丝瓜段、豆泡和胡萝卜，大火炒 1 分钟，在炒锅内壁淋入少许热水，盖上锅盖。
3. 待丝瓜熟，开盖放入所有调味料，翻炒几下即可。

羊肉串

[食材]

羊肉（瘦）250 克。

[调料]

胡椒粉 2 克，盐适量，醋 1/4 勺，洋葱 20 克，辣椒油 1/2 勺。

[做法]

1. 羊肉切成小块（每块 10 克，即约切成 25 块），用胡椒粉、盐、醋、洋葱末腌两小时，然后穿在短竹扦上，共穿 5 串。
2. 平底锅内放上适量的油，油热后，放入羊肉串，炸至发黄后，出锅放入盘中，淋少许辣椒油即可。

鸡丝拌芹菜

[食材]

鸡肉 100 克，芹菜 1 棵，豆芽 1 小把。

[调料]

盐适量，五香粉 1 小勺，香油 2 滴。

[做法]

1. 鸡肉洗净，煮熟，撕成细丝。
2. 芹菜去根、叶，洗净，切段，豆芽洗净，和芹菜一起放入沸水中焯一下。
3. 豆芽、芹菜盛大碗中，加入鸡丝、盐、五香粉、香油，拌匀即可。

小炒辣子鳝鱼

[食材]

鳝鱼 500 克，青、红尖椒各 50 克。

[调料]

葱段 10 克，蒜片、姜片、香葱末各 5 克，盐适量，料酒、生抽各 1 勺，胡椒粉少许，水淀粉 1.5 勺，辣椒酱、豆豉各 2 勺。

[做法]

1. 鳝鱼收拾干净，切段，加入胡椒粉、料酒拌匀腌渍。青、红尖椒洗净切菱形块。
2. 锅内油热后，倒入腌好的鳝鱼段，煸炒出香味，捞出备用。
3. 锅内留底油，烧热后放入蒜片、葱段、姜片、剁椒、豆豉，翻炒出香味。
4. 然后放入辣椒酱煸出香味和红油，倒入鳝鱼段，加少许水，翻炒均匀。
5. 倒入青、红尖椒块和盐、生抽，翻炒均匀后，用水淀粉勾芡，加入香葱末即可。

豆腐干炒肉

[食材]

豆腐干 300 克，猪肉 200 克。

[调料]

盐适量，味精 1/6 勺，韭叶 50 克，酱油 1/2 勺，生粉 10 克，料酒适量。

[做法]

1. 将肉切片，用酱油和生粉略腌。
2. 豆腐干切条状。
3. 锅内热油倒入肉片爆炒。
4. 炒至肉片变色后倒入豆腐干、韭菜翻炒，放入盐、味精、料酒调味即可。

韭菜水饺

[食材]

面粉 250 克，韭菜 500 克，鸡蛋 1 个。

[调料]

酱油、香油各 1/2 勺，盐、姜末各适量。

[做法]

1. 韭菜洗净，切碎；鸡蛋入油锅中炒熟，搅碎；加入韭菜、姜末、酱油、盐、香油搅拌均匀，做成馅。
2. 面粉中慢慢加入清水，和成面团，稍放置一会儿；然后揪成小剂子，擀成饺子皮。
3. 饺子皮中放入馅，从最右边开始，上边捏一下，下边捏一下，一直捏到最左边，捏成小鱼的形状。
4. 将饺子煮熟即可。

韭菜冻

[食材]

韭菜 200 克，琼脂 10 克。

[调料]

盐适量，芝麻酱 2 勺。

[做法]

1. 韭菜洗净，切掉头尾。
2. 将琼脂用 1 碗凉水泡软，然后隔热水加热溶化。
3. 在一个深盘子中倒入琼脂水，然后将韭菜平码在盘子中。
4. 待琼脂水凝固后，切成小块，码在盘中，最后淋上芝麻酱即可。

齿苋螺肉炸酱面

[食材]

面条 25 克，马齿苋 100 克，田螺肉 75 克，香菜叶少许。

[调料]

葱末、姜末各 1 小勺，料酒 1 大勺，醋 1 小勺，盐适量，鸡精 1 勺，甜面酱 2 大勺，淀粉 2 大勺。

[做法]

1. 马齿苋切碎；田螺肉洗净，下入加有醋的沸水锅中用大火烧开，煮约 1 分钟捞出，切成细粒。
2. 锅内放入水烧开，下入面条用中火烧开，再改用中小火煮至熟透捞出，放入冷水中投凉，捞出，放入盘内。
3. 锅内放油烧热，下入葱末、姜末炝香，下入田螺肉粒略炒，下入甜面酱炒匀，加入料酒、水烧开，下入马齿苋末，加入盐炒开，烧至熟烂，加鸡精，用淀粉勾芡，出锅浇在盘内玉米面条上，撒上香菜叶即可。

肉末西红柿盅

[食材]

西红柿 200 克，瘦猪肉馅 80 克。

[调料]

葱、姜各 5 克，盐适量，胡椒 10 克，酱油、料酒各 1/2 勺。

[做法]

1. 西红柿按照 1:4 的比例横着切开，大份额的那份果肉挖掉；葱、姜切成末。
2. 瘦肉馅加入葱姜末、盐、胡椒、酱油、料酒搅拌均匀。
3. 将肉馅放在西红柿盅内，将西红柿盖盖上，放入烤箱或者微波炉烤 20 分钟即可。

韭菜鸡蛋蒸饺

[食材]
韭菜 200 克，鸡蛋 5 个，饺子皮适量。
[调料]
盐适量。
[做法]
1. 鸡蛋加入盐打散，炒熟，炒碎。
2. 将韭菜切成小段，和鸡蛋搅拌均匀。
3. 把韭菜和鸡蛋当做馅料，用饺子皮包成饺子。
4. 上笼屉蒸 15 分钟即可。

牛奶煮卷心菜卷

[食材]
卷心菜 10 克，瘦猪肉馅 100 克，洋葱 20 克，牛奶 1 杯。
[调料]
自制番茄酱 3 勺，盐适量，胡椒 10 克。
[做法]
1. 把洋葱切成末；将瘦猪肉馅加入洋葱、盐、胡椒、自制番茄酱搅拌均匀。
2. 把卷心菜用开水氽烫软。
3. 将调好的瘦肉馅包入卷心菜片中，用牙签固定。
4. 最后将牛奶烧开，下入包好的卷心菜卷，煮 10 分钟即可。

辣螃蟹

[食材]
螃蟹 200 克，干辣椒 1 小把。
[调料]
盐适量，淀粉 (豌豆)1 小勺，香油 3 滴，姜、蒜适量。
[做法]
1. 炒锅油烧至六成热，将螃蟹拍上淀粉，下锅炸黄盛盘；蒜、姜洗净，切末。
2. 锅留底油烧热，放入姜、蒜、干辣椒，用淀粉勾芡，淋香油，搅匀，倒在炸好的螃蟹上即可。

辣烧茄子

[食材]

茄子 250 克，红椒 10 克，小葱末少许。

[调料]

蒜 20 克，醋、鸡精各 1 勺，糖 1/3 勺，盐适量。

[做法]

1. 红椒洗净，切成丁，蒜去皮切成蒜末，将茄子洗净去皮，切成长条。
2. 锅中倒入油，油温至六成热的时候放入茄子过一下油。
3. 然后将茄子盛出沥干油。
4. 锅内留少许底油，待油温烧至八成热的时候放入辣椒丁、蒜末、小葱末煸炒，然后加入鸡精，醋和糖，翻炒一下再放入茄子翻炒几下，最后加入盐调味即可。

猪肉莲藕夹

[食材]

莲藕 200 克，猪肉 150 克，薄荷叶少许。

[调料]

高汤 10 勺，蚝油 2 勺，鲍鱼汁 30 克，鸡蛋清 1 个，淀粉 3 勺，鸡精少许，蜂蜜 1 勺，料酒 1/2 勺，盐、鸡油各适量。

[做法]

1. 将莲藕洗净，切片；肉馅加盐、鸡精、鸡蛋清、淀粉、水后，朝一个方向搅拌上劲。
2. 将肉馅夹在两片莲藕之间，入锅蒸熟装盘。
3. 净锅上火，加入料酒、高汤，调入鲍鱼汁、蜂蜜、鸡精、盐、蚝油，烧沸后勾芡，淋入鸡油推匀即可鲍汁芡。
4. 将鲍汁芡淋在藕夹上，装饰上薄荷叶即可。

老醋拌木耳

[食材]

木耳 30 克。

[调料]

洋葱、香葱、红尖椒各 3 克，鲜味汁 1/2 勺，醋 3 勺，姜片 1 克，糖 1 勺，盐适量。

[做法]

1. 木耳泡开，入沸水中大火焯 3 秒钟捞出备用。
2. 将鲜味汁、醋、姜片、糖、盐加上少许清水小火熬开成汁。
3. 调料汁调入木耳，放洋葱、香葱、红尖椒即可。

麻酱鲍片

[食材]
鲍鱼 100 克。
[调料]
麻酱 5 大勺，香油 5 滴，盐适量，鸡精 1 勺。
[做法]
1. 鲍鱼切成片。
2. 麻酱加香油调开，加纯净水稀释，再加盐、鸡精，调匀成麻酱汁，浇在鲍鱼片上，拌匀即可。

辣子竹笋

[食材]
竹笋 300 克。
[调料]
红尖椒 10 克，葱白 5 克，生抽、盐、糖、蘑菇精各适量。
[做法]
1. 竹笋切片，红尖椒、葱白斜切成段。
2. 起锅热油，先放入笋片翻炒至略有金黄色，再放入红尖椒、葱白，快速炒几下，同时加入生抽、糖、蘑菇精，再淋上少许水分，炒至色泽均匀即可。

炖麻辣带鱼

[食材]
鲜带鱼 1 条。
[调料]
红辣椒酱 1 勺，青、红辣椒 15 克，花椒 40 克，葱、姜各 20 克，鲜汤 1 碗，糖、鸡精各 1/2 勺，盐适量，料酒、香油各 2 勺。
[做法]
1. 将带鱼洗净，剪去鱼头、鱼鳍等，除去内脏清洗干净，用刀砍成 5 厘米的长节，分 3 次放入七成热的油锅中炸成黄色捞起。
2. 青、红辣椒切圈，同花椒洒几滴清水润湿；姜拍破，葱切长节。
3. 锅置火上，油烧至七成热，放干红辣椒、花椒炒出香味后，再放入姜、葱同炒，然后加入鲜汤，放入带鱼、盐、料酒、鸡精、糖和红辣椒酱，改用小火慢烧至汤汁浓稠入味，最后淋入香油即可。

地三鲜

[食材]

茄子 100 克，青、红辣椒各 10 克，土豆 150 克。

[调料]

姜 5 克，蒜 10 克，糖、味精各 1/2 勺，盐适量，淀粉 3 勺。

[做法]

1. 先将土豆削皮，再把土豆，茄子，青、红辣椒洗净，均切成滚刀块，大小要一致，淀粉放入碗中，加适量水调匀。
2. 姜切末，蒜剁成茸。
3. 往锅内放油，烧热，把茄子、土豆炸熟至金黄色后捞起，沥油。
4. 锅内留少许底油，放入辣椒、姜末和蒜茸拌炒，再往锅中倒入茄子、土豆和其他调味料，放入淀粉，勾芡盛起即可。

牛奶炖西蓝花

[食材]

西蓝花 400 克，牛奶 1 杯。

[调料]

盐适量，鸡精 1 勺。

[做法]

1. 将西蓝花洗净，撕成小朵。
2. 把西蓝花用沸水煮熟，捞出沥干水分。
3. 将牛奶煮开。
4. 然后倒入西蓝花、盐、鸡精再次烧开即可。

草鱼丸子

[食材]

草鱼 1 条，小油菜 1 棵，鸡蛋清 2 个。

[调料]

盐适量，鸡精 1 勺，料酒 4 大勺，胡椒粉少许，高汤 1 碗。

[做法]

1. 鱼肉捶成细茸，放入盆内。
2. 盆内加鸡精、料酒和适量淡盐水搅拌均匀，再用手使劲抽打，边抽打边加淡盐水。如此抽打，加盐水连续 3 ～ 4 次，直至鱼茸膨胀上劲起黏性，然后再加入蛋清拌匀，即可鱼丸子坯料。
3. 将打好鱼茸坯料用手挤成大鱼丸子，盛入盘内，上屉架在水锅上蒸 7 分钟左右即可，取出后放入汤碗内。
4. 将锅架在火上，放入高汤烧开，滚上一滚，下入盐、胡椒粉、鸡精拌匀，调好口味，和洗净的小油菜一起倒在盛丸子的汤碗内即可。

香油汁蒸鸭肝

[食材]
鸭肝 400 克。
[调料]
糖 1 大勺，盐适量，鸡精 1 小勺，葱 1 小段，姜 1 片，香油 100 克，高汤 1 碗。
[做法]
1. 鸭肝切块，放入开水内溜一下，再用凉水漂浸，沥去水，葱切成葱花，姜切片。
2. 将葱花、姜片、盐、香油、鸡精、糖调匀铺放在鸭肝面上，放入蒸笼将鸭肝蒸约 3 分钟。
3. 把蒸后鸭肝取出倾去原汁，另起锅把高汤适量倾入锅里，加糟酒 3 汤匙，搅匀烧开调味，然后将高汤汁倒在鸭肝面上，便可上碟。

凉拌瓜片

[食材]
黄瓜 2 根，木耳、银耳、胡萝卜各少许。
[调料]
芝麻 4 大勺，盐适量，鸡精 1 勺，米醋 1 大勺，香油 2 大勺。
[做法]
1. 黄瓜、胡萝卜洗净，均切成菱形片；木耳、银耳分别切成小片。
2. 锅内放入水，用大火烧开，下入胡萝卜片、木耳片、银耳片焯熟捞出，放入冷水中投凉捞出，沥去水。
3. 将黄瓜片、胡萝卜片、木耳片、银耳片放入容器内，加入芝麻、盐、鸡精、米醋、香油拌匀，装盘即可。

西红柿拌芹菜

[食材]
西红柿 100 克，芹菜 50 克。
[调料]
盐适量，醋、蜂蜜各 1 勺，姜汁 1/2 勺，姜 2 克。
[做法]
1. 西红柿切成片；芹菜和姜切成丝。
2. 将西红柿片、芹菜、姜丝、盐、醋、蜂蜜、姜汁搅拌均匀即可。

三色野兔丝

[食材]
兔肉 250 克，冬笋 1 小块，青椒 1/2 颗，鸡蛋清 1 个，淀粉 2 大勺。

[调料]
盐适量，黄酒 1 大勺，葱 1 小段，姜 1 片，鸡精 1 勺。

[做法]
1. 将野兔肉切丝；漂尽血水后，加盐、料酒拌匀，再加蛋清、豆粉上浆。
2. 鸡蛋摊成蛋皮备用；冬笋、青椒洗净切成丝，放盐、鸡精、鲜汤、淀粉对成汁待用。
3. 炒锅下油，待油热时，下入浆好的兔肉丝，滑散后捞出沥油。
4. 原锅留少许油，下姜末、葱段及冬笋、青椒丝炒一下，下入兔肉丝和兑好的汁，颠翻均匀，淋香油，撒胡椒粉，起锅装盘即可。

西红柿面汤

[食材]
西红柿、面粉各 50 克。

[调料]
无

[做法]
1. 西红柿去皮切丁；面粉加入水，搅拌成面团，然后用水泡 30 分钟。
2. 锅内倒入水，待水烧开后，将面团挑散，下入锅内。
3. 面汤滚煮后，下入西红柿丁，煮至西红柿丁软烂即可。

烤麻辣酥鸡

[食材]
鸡 1 只。

[调料]
酱油 2 大勺，豆酱 1/2 大勺，糖 1/2 大勺，酒 1 大勺，辣椒粉少许，姜 1 片，葱 1/4 根。

[做法]
1. 用叉子在鸡肉上插孔，以便料汁渗透进去；把酱油、豆酱、糖、酒均匀地浇在鸡肉上，撒上切碎的姜、葱，搅拌均匀。
2. 把烤箱加热至 180 摄氏度，再将鸡放入烤箱烘烤。
3. 最后撒上辣椒粉即可。

茉莉煮豆腐

[食材]
茉莉花 20 克，豆腐 100 克。
[调料]
盐适量。
[做法]
1. 将茉莉花用开水冲烫，泡开。
2. 豆腐切块，用水煮熟捞出。
3. 将茉莉花和茉莉花水倒入锅中，加入豆腐和盐，略煮即可。

蜜汁糖鲫鱼

[食材]
鲫鱼 500 克。
[调料]
蜂蜜 50 克，黄酒 3 大勺，酱油 4 大勺，香油 5 滴，葱 1 段。
[做法]
1. 将鱼洗净，将鱼头嘴巴揿扁，打上花刀，用酱油、黄酒浸渍一下；葱洗净。
2. 炒锅加油，烧热，将鱼推入油锅炸，肉质转色时捞出，待油温升高再入锅，炸至外皮脆硬时，捞出。
3. 炒锅留余油烧热，下葱段略煸，加酱油、黄酒、蜂蜜和适量水，烧后熬至卤汁稠浓，将鱼放入锅内，端起炒锅颠翻几下，淋香油出锅即可。

油泼豆腐丝

[食材]
豆腐丝 100 克，黄瓜 150 克，绿豆芽 50 克。
[调料]
香菜、熟芝麻各 10 克，干辣椒 3 克，盐、蒜茸各适量，鸡精 3 勺，香油 1/2 勺。
[做法]
1. 干辣椒切段放入小碗中，油烧八成热，分两次浇在干辣椒上制成辣椒油。
2. 黄瓜切丝，豆腐丝香菜切段，绿豆芽焯水备用。
3. 放入辣椒油、盐、鸡精、香油、蒜茸，最后撒上熟芝麻即可。

西红柿南瓜汤

[食材]
西红柿 100 克，南瓜 120 克。
[调料]
无
[做法]
1. 将南瓜去皮蒸熟，然后碾成泥状。
2. 将西红柿去皮切丁。
3. 在南瓜泥中加入水，搅拌均匀，煮开后加入西红柿丁，将西红柿丁煮软即可。

合面墨鱼煎饺

[食材]
玉米面、面粉共 1 小碗，黄豆面 1/4 小碗，墨鱼肉 250 克，马兰头 200 克，鸡蛋 1 个。
[调料]
料酒 2 小勺，醋少许，盐、鸡精各适量，香油 15 滴，葱末、姜末各 1 大勺。
[做法]
1. 玉米面加入黄豆面拌匀，加入沸水烫搅均匀，稍凉后加入面粉和匀成软硬适中的面团。
2. 马兰头择洗干净，下入沸水锅中煮约两分钟，至透捞出，放入冷水中投凉捞出，与洗净的墨鱼肉分别剁成末，放入容器内，加入葱末、姜末及余下的所有调料拌匀成馅。
3. 将面团搓成条，揪成剂子，取一剂子按扁，擀成圆薄皮，放上馅，捏严成水饺生坯；依次制好后，下入沸水锅中煮熟捞出凉凉。
4. 最后煎成金黄色即可。

清蒸蟹

[食材]
螃蟹 2 只。
[调料]
醋 3 大勺，花椒 1 小撮，姜 1 小块。
[做法]
1. 把姜洗净，切成末。
2. 姜末放在器皿中，倒入香醋拌匀待用。
3. 将螃蟹用水冲洗干净，放入蒸锅中加几粒花椒蒸 7 ~ 8 分钟取出，装入盘中蘸姜醋汁食用即可。

炖炸豆腐

[食材]

豆腐 400 克，鸡 1 只，香菜末少许。

[调料]

料酒、酱油各 2 勺，糖 1/2 勺，葱、姜各少许，干辣椒 3 克，盐适量。

[做法]

1. 鸡洗净斩件，汆水，捞起冲净；将葱洗净，切段；干辣椒切开两半。
2. 取一宽口锅，加热放两勺油，放一半量的姜、葱，倒入鸡块稍微煎一下，倒入清水，煮沸后放料酒转小火。
3. 另热一锅，先不放油，小火将干辣椒焙一下，出味后放 1 勺油，放入剩下的姜、葱，接着放入炸豆腐，倒入酱油和糖拌匀。
4. 将豆腐铲起放入煨着的鸡汤里，接着煲约 1 小时，下盐调味，撒上香菜末即可食用。

鸡蛋酱油炒饭

[食材]

米饭 100 克，鸡蛋 1 个，瘦肉馅 1 勺，红辣椒 10 克。

[调料]

香葱少许，盐适量，酱油 1 勺。

[做法]

1. 将鸡蛋加入盐打散。
2. 香葱、红辣椒分别切成丁。
3. 锅内倒入油，待油烧至七成热的时候，放入肉馅翻炒，然后倒入米饭、红辣椒翻炒。
4. 倒入鸡蛋，翻炒至鸡蛋熟，倒入酱油、盐、香葱翻炒均匀即可。

芹菜山楂粥

[食材]

芹菜 1/4 棵，山楂 1 颗，大米 1 小碗。

[调料]

无

[做法]

1. 把大米淘洗干净，山楂洗净，切片，芹菜洗净，切成颗粒状。
2. 把大米放入锅内，加水煮沸。
3. 用文火煮 30 分钟，下入芹菜、山楂。
4. 最后再煮 10 分钟即可。

洋葱饼

[食材]
洋葱1棵，鸡蛋2个，面粉1小碗。
[调料]
盐、黑胡椒粉适量。
[做法]
1. 大洋葱切丁，放两个鸡蛋搅匀。
2. 适量面粉做成面糊。
3. 放盐适量、香油1勺、适量黑胡椒粉调味，搅拌均匀。
4. 在平底锅内放少许油，把面糊放入铺平，两面煎成金黄色即可。

卤香菇

[食材]
鲜香菇20个。
[调料]
盐、鸡精适量，糖、酱油各1勺，香油1/3碗。
[做法]
1. 将香菇洗净，去蒂，挤去水，放入碗内，倒入鲜汤，入笼屉蒸透取出。
2. 炒锅置中火上，倒入蒸透的香菇和汤汁，加酱油、糖、盐、鸡精卤入味。
3. 待汤汁收稠时，淋入香油炒匀，出锅装盘即可。

土豆炖茄子尖椒

[食材]
黄皮土豆3个，茄子（紫皮，长）1块，尖椒10个，黄瓜1根，胡萝卜1段，高汤2碗。
[调料]
盐、鸡精适量，酱油1勺，花椒1小撮，葱1段，姜1块，大蒜1块。
[做法]
1. 将长茄子去蒂，洗净，切成块；土豆去皮切滚刀块；葱、姜切丝，蒜切片备用；花椒放碗内加水泡制出花椒水待用；大尖辣椒去蒂、去子，斜切成马蒂段；黄瓜、胡萝卜均切成小方丁。
2. 将锅置于旺火上，放入猪油烧热，用葱丝、姜丝、蒜片炝锅，放入长茄子块煸炒一下，添入高汤，放入土豆块、盐、酱油、花椒水、鸡精。
3. 烧开后转中火炖至土豆块、长茄子块熟烂，加入大尖辣椒段、黄瓜丁、胡萝卜丁，再炖片刻，见汤汁已浓稠时盛出即可。

葱油海带

[食材]
鲜海带 250 克，小葱末、红椒末各少许。
[调料]
盐适量，香油 2 勺，酱油、醋、糖、胡椒粉各 1 勺，葱 1 段，姜 1 小块。
[做法]
1. 将海带择洗干净，切成片，放入沸水锅内煮 5 分钟捞出沥净水分，放入盘内。
2. 葱、姜切细丝。
3. 取一小碗，放入酱油、盐、糖、醋、胡椒粉、香油，调匀后浇在海带丝上，同时放上葱丝、姜丝。
4. 坐锅点火倒油，烧热后浇在葱、姜丝上，拌匀，撒上小葱末、红椒末即可。

豆瓣烧茄子

[食材]
茄子（紫皮，长）2 个，干木耳 1 朵，竹笋 1/2 棵，淀粉 3 勺。
[调料]
盐、鸡精适量，糖 3 勺，酱油 4 勺，豆瓣酱 2 勺，香油 2 勺，葱 1 段，姜 1 小块，大蒜 1 块。
[做法]
1. 将茄子洗净去皮，切成菱形块；竹笋切成片；木耳用水发好，撕成小片。
2. 炒锅上火，放入油烧至 120 摄氏度时，放入茄块炸至浅黄色捞出。
3. 锅内放点底油，放入葱、姜、蒜末煸出香味，再放入豆瓣酱煸炒至色泽红润，烹入酱油、汤，放入盐、鸡精、糖，放入茄子、木耳、竹笋片烧片刻，用水淀粉勾芡，淋入香油即可。

小拌豆腐丝

[食材]
萝卜苗 50 克，干 豆腐丝 150 克。
[调料]
香菜 5 克，盐、海米各适量，辣椒油 2 勺，香油、味精各 1/4 勺。
[做法]
1. 干锅（不放油盐）将海米炒香待用。
2. 将干豆腐丝和萝卜苗放入碗内，加盐、辣椒油、海米、味精、香菜，拌匀即可。

鲜蘑烧腐竹

[食材]
腐竹 200 克，鲜蘑菇 15 个，油菜 1 棵，淀粉 1 勺。
[调料]
盐、鸡精适量，绍酒、香油各 2 勺，姜 1 小块，素汤 1 碗。
[做法]
1. 将水发腐竹洗净，切成 3 厘米长的段；油菜洗净；鲜蘑菇洗净，切成片；姜洗净，去皮切末；淀粉加水适量调匀成湿淀粉约 15 克，备用。
2. 锅架火上，放水烧开，将腐竹段、蘑菇片焯烫一下，控干水分。
3. 锅架火上，放油烧至七八成热，下姜末略炒，投入腐竹段、鲜蘑片、油菜一起煸炒，炒透，下盐、绍酒、素汤烧开，改用中火烧约 20 分钟左右，腐竹入味酥烂后，加入鸡精拌匀，用湿淀粉勾芡，淋入香油即可装盘。

鸡蛋炒黄花菜

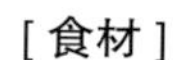

[食材]
鸡蛋 2 个，干黄花菜 20 克。
[调料]
盐、鸡精适量，料酒 2 勺，酱油 3 勺，糖 1 勺，高汤 1 碗。
[做法]
1. 把鸡蛋打入碗中，加料酒、盐、鸡精、少许酱油，搅匀。
2. 黄花菜洗干净，提前泡 30 分钟，切成段；放在开水中焯一下，捞出，控干水分，备用。
3. 炒锅上火，加油烧热，倒入鸡蛋液炒熟，放入黄花菜，下酱油、高汤、糖，烧开后片刻即可。

凉拌木耳菜

[食材]
木耳菜 1 把，干银耳 1 小朵，熟芝麻少许。
[调料]
盐适量，醋 3 勺，香油 1 勺。
[做法]
1. 将木耳菜择洗干净，放入煮开的水中焯烫。直到菜色变得绿而鲜亮，立即盛出，过凉，切长段。
2. 银耳泡发后洗净，撕成小朵。
3. 将木耳菜段盛入盘中，加入银耳，拌上盐、醋、香油、熟芝麻即可。

醋海蜇

[食材]
海蜇头 150 克，黄瓜 50 克。

[调料]
葱末 25 克，酱油、香麻油各 1/2 勺，醋 1 勺，糖适量，香麻油 1/2 勺。

[做法]
1. 先将海蜇头洗去泥沙，放清水里浸泡 5 ~ 6 小时，再冲洗干净，顺着蜇瓣切成小片，用水冲数小时备用；黄瓜洗净切片。
2. 葱末放小碗内，油入锅烧热，倒入葱末碗内，即为葱油。
3. 将海蜇头滤去水，放大碗内，注入 80 摄氏度的沸水烫一下，立即将沸水倒干，趁热加醋、酱油、糖拌匀，再放入香麻油、葱油装在码好黄瓜的盘内即可。

豆腐煲

[食材]
豆腐 1 块，红尖椒 1 颗，香芹 1 棵。

[调料]
盐适量，鸡精少许。

[做法]
1.豆腐切片，炸透后切成条；香芹去叶，洗净，切段；红尖椒洗净切圈。
2.将豆腐、红尖椒、香芹放入砂锅中，加入水、盐、鸡精，小火焖 10 分钟即可。

苦瓜荠菜瘦肉汤

[食材]
猪肉 125 克，苦瓜 2 个，荠菜 60 克。

[调料]
盐适量，糖、淀粉、鸡精各 1 小勺。

[做法]
1. 将猪肉洗净，切片，用盐、糖、淀粉、鸡精腌过。鲜苦瓜切片；荠菜洗净。
2. 把荠菜放入锅内，加清水适量，小火煮 30 分钟，去渣再加入苦瓜煮熟，然后下猪肉片，煮 5 分钟至肉刚熟，调味即可。

烫空心菜

[食材]
空心菜 1 个，红辣椒适量。
[调料]
酱油 4 大勺，糖 1 大勺，大蒜 5 瓣。
[做法]
1. 空心菜掐去老梗，用清水冲洗干净；大蒜切末；红辣椒洗净去蒂，切丁。
2. 锅中倒入适量的水烧开，放入洗净的空心菜氽烫至熟后捞出，沥干水分，切成小段。
3. 把蒜末、红辣椒丁和酱油、糖调拌均匀，淋上烫熟的空心菜上，搅拌均匀即可。

葱油金针菇

[食材]
金针菇 1 把，黄瓜 1 根，红辣椒圈少许。
[调料]
盐、鸡精适量，生抽 1 勺，葱 1 段。
[做法]
1. 将金针菇去掉根部，洗净，切成 2 厘米左右的长条，用开水焯后，再用凉水过一遍。
2. 将黄瓜、葱洗净，切成丝。
3. 放入鸡精、盐、生抽及食用油，再放入花椒、红辣椒，把油烧热后淋到切好的凉菜上即可。

肉丝土豆丝

[食材]
土豆 100 克，青、红尖椒 30 克，瘦肉 300 克。
[调料]
盐适量，山芋粉 10 克，酱油、料酒各 1/2 勺。
[做法]
1. 土豆切丝，浸在水中；青、红尖椒切丝备用。
2. 猪腰条肉切丝，放入盐、山芋粉、酱油、料酒，抓匀稍放一会儿。
3. 起油锅，见热倒入肉丝炒熟装起；另起油锅，倒入青、红尖椒丝爆炒至翠绿，见香，装起。
4. 把土豆丝捞起，沥干，油锅见热，倒入土豆丝，马上倒些醋，翻炒数下，倒下尖椒丝、肉丝，大火炒匀即可。

杏鲍菇炒肉片

[食材]
杏鲍菇、猪瘦肉各 50 克，小葱适量，红尖辣椒 10 克。

[调料]
盐适量，蚝油 1 勺，料酒、酱油各 1/2 勺。

[做法]
1. 猪瘦肉切成片，用盐、料酒、酱油腌渍 10 分钟。
2. 杏鲍菇切成片；小葱切成葱花；红尖椒切成圈；蒜切成片。
3. 锅内倒入油，待油烧至七成热的时候，放入蒜爆香。
4. 倒入肉片翻炒片刻，放入杏鲍菇、红尖椒，然后加入蚝油和少许水，将杏鲍菇炒至发软，撒上小葱即可。

炒香干菠菜

[食材]
菠菜 1 大把，豆腐干 1 块。

[调料]
盐适量，鸡精少许，姜适量。

[做法]
1. 菠菜洗净，切段，入沸水锅内焯水后捞出；姜切末。
2. 把豆腐干切成片，入沸水锅焯水后捞出。
3. 锅内放入色拉油，烧热后下姜末炒香，再放入豆腐干与菠菜，加盐、鸡精迅速翻炒均匀，出锅装盘即可。

炖三菇

[食材]
口蘑 100 克，平菇 100 克，草菇 100 克，香菜少许。

[调料]
鸡精少许，高汤、盐各适量，料酒、鸡油各 3 大勺，糖 1 大勺。

[做法]
1. 口蘑下沸水锅中焯一下捞起，再放入冷水中冲凉。
2. 将平菇、口蘑、草菇洗净放入炖盅内。
3. 加入高汤、盐、糖、料酒、鸡精、鸡油，盖上盅盖，上笼屉蒸 30 分钟即出，撒入香菜即可。

炒焖黄豆

[食材]
黄豆 2 大碗，青、红椒各少许。
[调料]
酱油 4 大勺，香油 5 滴，鸡精 1 小勺，花椒粉 3 大勺，葱 1 大段，姜 1 大块。
[做法]
1. 把葱姜末、花椒粉和青、红椒洗净切块，与鸡精一齐放入酱油中调成酱油汁备用。
2. 黄豆放锅内用慢火炒熟，装入盆内，随之倒入调好的酱油汁加盖焖 20 分钟。
3. 去盖淋香油拌匀，即可食用。

木耳豆腐丁

[食材]
豆腐 2 大块，木耳几个，黄瓜 1/2 个。
[调料]
花椒油 1 大勺，辣椒粉 1/2 小勺，醋 1 大勺，鸡精 1/2 小勺，酱油 1 大勺，糖 1 大勺，香油 10 滴，葱 1 小段。
[做法]
1. 木耳用水泡发洗净备用；豆腐、黄瓜、木耳和葱分别切成同样大小的丁，投入烧沸的开水锅内烫一下，捞出凉凉后放入盆中。
2. 辣椒粉、香油、花椒油、酱油、醋、糖和鸡精同放一碗内调成味汁，浇在烫过的原料上，拌匀即可。

醋拌四样

[食材]
花生米 250 克，洋葱 50 克，红椒 50 克，香菜梗 20 克。
[调料]
醋 3 勺，盐适量，糖 1 勺，酱油 1/2 勺，香油少许。
[做法]
1. 锅内油烧至三成热，将花生米炸熟备用。
2. 红椒切丁，洋葱切小块，香菜梗切段。
3. 将红椒、洋葱、香菜、花生米放在一起后加入醋、盐、糖、酱油、香油调匀即可。

金盏菊花茶

[食材]
干马鞭草 5 克，干金盏菊 2 克。
[调料]
无
[做法]
1. 将马鞭草、金盏菊用开水冲烫一下。
2. 用开水冲泡 3 分钟即可。

海带炖豆腐

[食材]
豆腐 1 大块，海带 100 克，香葱末少许。
[调料]
盐适量，葱、姜少许。
[做法]
1. 海带泡发切片。
2. 豆腐切成大块，放入锅内加水煮沸，捞出切成小丁。
3. 炒锅上火倒油烧热，放入姜末、葱花煸香，放入豆腐丁、海带片，加入适量清水烧沸，加入盐，改用小火炖，到海带、豆腐入味时，出锅，撒上香葱末即可。

西红柿肉肠蒸米饭

[食材]
大米 100 克。
[调料]
西红柿 200 克，肉肠 20 克。
[做法]
1. 将肉肠切丁；大米淘净；西红柿切丁。
2. 取饭碗先装大米，放适量水，再放肉肠丁，放锅内蒸至九成熟，放切成丁的西红柿，蒸熟即可。

墨鱼纳豆

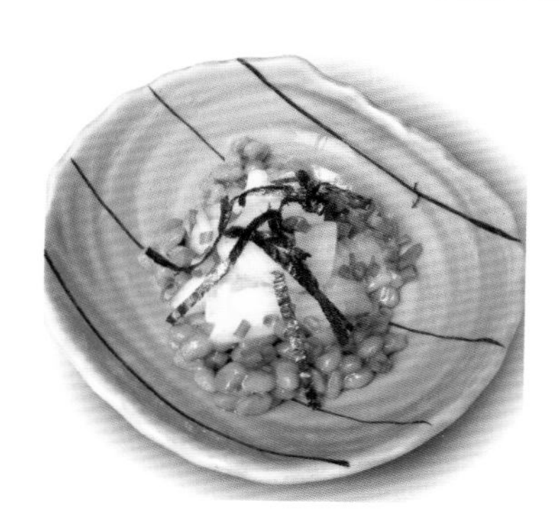

[食材]

墨鱼 50 克，纳豆 100 克，海苔丝、小葱末各少许。

[调料]

盐少许，黄芥末适量。

[做法]

1. 墨鱼洗净，切块，用加了盐水的开水汆烫后捞出。
2. 将纳豆倒入碗中，上面挤上黄芥末。
3. 再将墨鱼块放在上面，吃的时候和海苔丝、小葱末拌匀即可。

凉拌苦菊

[食材]

苦菊 300 克。

[调料]

蒜茸 15 克，圣女果 30 克，盐、鸡精、香油各适量，醋 2 勺。

[做法]

1. 将苦菊从根部去掉一些，使花瓣散开，用清水洗净，控干。
2. 将蒜茸、盐、鸡精、醋倒入一个小碗中，调和成凉拌汁。
3. 将洗净的苦菊从中间一开二，放进一个大点的器皿中，将调和好的凉拌汁倒入，用筷子搅拌均匀。
4. 将蒜茸放在用调味料拌好的苦菊上面；炒锅烧热，倒入少许香油，油温六成热时，将热香油浇在蒜茸上。
5. 用筷子再将苦菊拌匀，整合装盘，将圣女果点缀在苦菊上面即可。

竹荪丝瓜

[食材]

干竹荪 15 个，丝瓜 1 条，玉米淀粉 2 勺。

[调料]

盐、鸡精、料酒各适量，胡椒粉 1 勺，鸡油 2 勺，湿淀粉少许，高汤 1 碗。

[做法]

1. 先将竹荪用水浸泡 1 小时，捞出后用水洗净，切成斜刀小块，再用干淀粉拌匀，两小时后，再用水洗净，然后焯水待用；丝瓜洗净后除去外皮，切成 4 厘米长的条。
2. 炒锅上火放食用油，油温稍热时，将丝瓜下入滑熟，捞出沥油。
3. 锅内添适量的奶汤，用盐、料酒、鸡精、胡椒粉调好口味，再下入丝瓜条略烧片刻，捞入盘中，再将竹荪块下入奶汤中。
4. 用盐、鸡精调味后烧透，再用湿淀粉勾薄芡，淋些鸡油，浇在丝瓜条上即可。

剁椒白菜

[食材]
大白菜 300 克，小葱末少许。
[调料]
辣椒酱 2 勺，盐适量，味精 1/4 勺，葱末少许。
[做法]
1. 将大白菜摘洗干净，用刀片成薄片。
2. 炒锅置中火上，放油烧热后，下葱末炒香。
3. 投入白菜片翻炒，加适量盐和水，待白菜片渐渐变软。
4. 下辣椒酱和少许味精，翻炒均匀出锅，撒上小葱末即可。

皮蛋豆腐

[食材]
豆腐 200 克，皮蛋 3 个，小葱末 10 克。
[调料]
酱油 2 勺，醋 1 勺，香油 1/2 勺。
[做法]
1. 剥除皮蛋壳，洗净，切成半圆形。
2. 将切块的豆腐和半圆形的皮蛋置于碗中，并放上小葱末。
3. 最后淋上酱油、醋、香油即可。

炒白萝卜

[食材]
白萝卜 200 克，装饰菜叶少许。
[调料]
朝天椒、红辣椒各 10 克，盐适量，蚝油 1 勺。
[做法]
1. 将白萝卜去皮切成片，红辣椒切开。
2. 锅内倒入油，待油烧至七成热的时候，下入红辣椒爆香。
3. 然后加入白萝卜、朝天椒翻炒，加入盐、蚝油、少许水。
4. 待汤汁收干时盛出，撒上装饰菜叶即可。

老虎菜

[食材]
辣椒、黄瓜各 100 克，香菜 50 克。
[调料]
葱 10 克，香油、酱油各 1/2 勺，盐适量，味精少许。
[做法]
1. 辣椒、黄瓜、葱洗净，切成丝；香菜洗净，切成寸段。
2. 香油、酱油、盐、味精放入碗中调匀，先加入辣椒、黄瓜腌两分钟后，再加入葱丝、香菜拌匀即可。

拌洋葱

[食材]
洋葱 300 克。
[调料]
青、红辣椒各 3 克，酱油、陈醋、香油各 1 勺，盐适量。
[做法]
1. 将洋葱剥去老皮洗净，切成小块。
2. 青、红辣椒切成丝。
3. 把洋葱、辣椒装进盘中，加入盐、酱油、陈醋、香油，拌匀即可。

柠檬洋葱汁

[食材]
洋葱 150 克，苏打水 1/2 杯，柠檬 10 克。
[调料]
糖 1 勺。
[做法]
1. 将洋葱洗净，榨成汁。
2. 把柠檬挤出汁，将柠檬汁倒入苏打水中。
3. 将洋葱汁也倒入苏打水中，加入糖搅拌均匀即可。

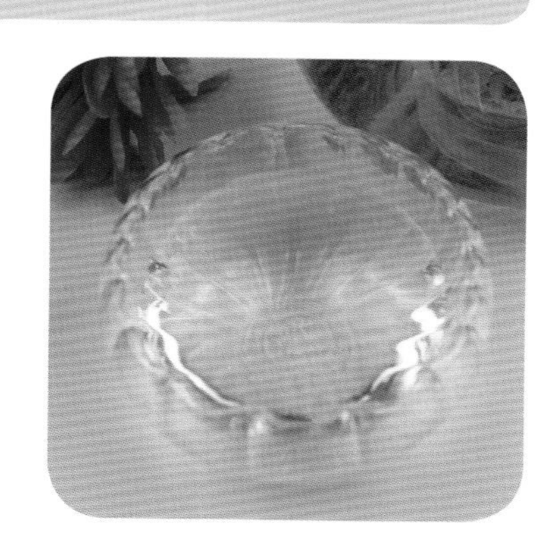

麻辣板筋

[食材]
牛板筋 450 克，红椒 20 克，炒香花生米 30 克，炒香白芝麻 10 克，香菜叶少许。
[调料]
盐适量，酱油 2 勺，豆豉辣酱、糖各 1 勺，黑胡椒粉、蒜各 5 克，干辣椒 4 克，花椒、茶叶各 10 克，姜 6 克，陈皮适量，香叶 2 克。
[做法]
1. 牛板筋倒入高压锅，加入姜、陈皮、茶叶、香叶和水，盖上盖子，大火煮至烂即可。
2. 将板筋捞出，斜切成片，蒜切粒，干辣椒剪成段，青椒切块。
3. 油锅烧热，下姜蒜煸香，加入豆豉辣酱、干辣椒、花椒炒出红油，倒入牛板筋，炒匀；再加入盐、糖、酱油，不断加水；再加红椒块翻炒至红椒变软，撒黑胡椒粉，拌入花生、芝麻，翻匀起锅，撒上香菜叶即可。

萝卜干拌皮蛋

[食材]
萝卜干 200 克，皮蛋 5 个。
[调料]
香葱 20 克，芝麻、剁椒酱、醋各 1 勺，盐适量。
[做法]
1. 将皮蛋、萝卜干切成块，香葱切成小段。
2. 将切好的皮蛋、萝卜干、香葱放入碗中，加入剁椒酱、芝麻，淋上醋，拌匀即可。

腰果拌西芹

[食材]
西芹 1 把，腰果 20 个。
[调料]
盐、鸡精适量，香油 1 勺。
[做法]
1. 将西芹去根、叶洗净，切成菱形片，放入开水锅中烫，待水再次开时，捞出沥水。
2. 将腰果用香油炸至浅黄色捞出，凉透。
3. 将西芹与盐、鸡精、凉透的香油拌匀，撒上腰果即可。

麻辣鸡脖

[食材]

鸡脖子 500 克，装饰菜叶少许。

[调料]

酱油、蚝油各 1/2 勺，盐适量，辣椒粉、麻椒粉各 10 克，糖 1 勺。

[做法]

1. 鸡脖子洗净，切段，焯去血水，控干水。
2. 炒勺内底油烧热，加入糖炒至微黄，下入鸡脖子翻炒挂糖色儿。倒入酱油、蚝油、盐、辣椒、麻椒粉炒匀，加入水收汁即可。
3. 出锅撒上装饰菜叶即可。

蓑衣黄瓜

[食材]

黄瓜 200 克，葱丝、红椒丝各少许。

[调料]

朝天椒 3 克，白芝麻 10 克，花椒 2 克，醋 1 勺，糖 1/2 勺，盐适量。

[做法]

1. 将黄瓜下面垫两根筷子，从一端开始朝同一方向以 45 度的角度斜刀去切，不要将黄瓜切断，刀距要小，切出的黄瓜就比较柔软，将整根黄瓜翻转 180 度，再用同样方法斜切。
2. 朝天椒切丝，泡入冷水中；白芝麻在干炒锅中用小火慢慢焙出黄色，盛出充分凉凉。
3. 锅置火上，加热后放油，油热后，依次放入花椒和朝天椒丝，微变色后立即盛出，制成麻香油。
4. 将适量醋、糖、盐、麻香油制成汁，浇在蓑衣黄瓜上，搅拌均匀后放入冰箱中腌渍 1 小时。食用时将黄瓜撕成小段，撒上葱丝和红椒丝即可。

凉拌琼脂

[食材]

琼脂 20 克，红椒丝、香菜叶各少许。

[调料]

盐适量，醋 1 勺，酱油、香油各 1/2 勺。

[做法]

1. 琼脂放入 2 碗凉开水中泡软。
2. 将泡软的琼脂隔热水加热溶化，倒入小盘子中。
3. 待琼脂凝固后，将琼脂切成丝。
4. 把琼脂丝用盐、醋、酱油、香油、红椒丝、香菜叶搅拌均匀即可。

凉拌苦瓜

[食材]

苦瓜 500 克。

[调料]

酱油 1/2 勺，豆瓣酱 1 勺，盐 1/4 勺，辣椒末 25 克，蒜泥 5 克。

[做法]

1. 将苦瓜一剖两半，去瓤洗净，切 1 厘米宽的条，在沸水中烫一下，放入凉开水中浸凉捞出，控净水分。

2. 将苦瓜条加辣椒丝和盐后，控出水分，然后放凉开水中浸凉捞出，放入酱油、豆瓣酱、蒜泥和熟油拌匀即可。

猪肉香菇锅贴

[食材]

猪肉 200 克，香菇 3 克，葱 2 克，饺子皮 15 个。

[调料]

盐适量，鸡精、酱油各 1 勺，麻油 1/2 勺。

[做法]

1. 将猪肉洗净剁成肉泥。

2. 香菇洗干净，用凉水泡开后，切成丁；葱洗净，切成葱末。

3. 把葱末、香菇丁、猪肉泥、盐、鸡精、酱油、麻油均匀的搅拌在一起，用饺子皮包起。

4. 不粘锅煎锅内倒入油，待油烧至六成热的时候，放入饺子，底煎成金黄色后翻面，然后倒入 1/2 碗水，盖上锅盖焖 5 分钟，然后揭开锅盖待水干后即可。

干贝蒸丝瓜

[食材]

干贝 30 克，丝瓜 500 克，红椒 10 克。

[调料]

鸡粉、米酒各 1/2 勺，盐适量，香油 1 勺，蒜末、姜丝各 5 克。

[做法]

1. 洗净干贝，用温水泡软，放入锅内，加盖大火隔水清蒸 20 分钟，取出摊凉。然后把丝瓜洗净削去角皮，剖开去白子，切成骨牌状；红椒去蒂和子，切成细丝。

2. 将一张铝箔纸放在碟上，压制呈方形的盒状，摆入丝瓜块。然后把蒸干贝的水倒出留用，将干贝捣碎，再均匀地撒在丝瓜上。

3. 往蒸干贝的水中加入鸡粉、盐、米酒、香油、蒜末和姜丝调匀，淋在干贝丝瓜上，再盖上一层铝箔纸，将四边卷起压紧。

4. 烧开锅内的水，放入干贝丝瓜，加盖开大火隔水清蒸 10 分钟；取出蒸好的干贝丝瓜，在上方剪一个十字缺口撕开，撒上红椒丝即可。

青椒炒黄瓜

[食材]

青椒 2 个，黄瓜 1 根，葱少许。

[调料]

甜面酱 3 克，酱油 2 大勺，猪油、盐适量，鸡精 1 小勺。

[做法]

1. 将葱洗净，切成葱末待用；将青椒洗净，切成片；黄瓜洗净，切成斜刀片。
2. 青椒用沸水烫一下，控水。
3. 油勺内放猪油烧热，下甜面酱略炒，放葱末，将青椒下勺，煸一下；再下入黄瓜片、盐和鸡精，烹入酱油，煸炒几遍，颠抖出勺即可。

青菜炒草菇

[食材]

草菇 300 克，白菜 1/2 棵。

[调料]

盐适量，鸡精 1 小勺，香油 10 滴，黄酒 6 大勺，淀粉 (豌豆)1 大勺，素汤 1 碗。

[做法]

1. 白菜去掉老帮待用；在草菇顶部剞上“十”字形花刀，用清水洗净，投入沸水锅中煮透捞出，再用冷水漂凉后捞出，沥净水分。锅内放入油浇热，加黄酒、素汤、草菇，煨透后加盐适量煮入味，捞出沥去水分。
2. 锅内放入油烧热，加黄酒、素汤、草菇、鸡精，烧沸后，用湿淀粉勾芡，淋上香油上光，盛入盘内；锅内放余下的油烧至八成熟，下白菜心，边炒边加余下的盐、鸡精，炒至菜变色，沥去汤汁，围在草菇周围。

老醋泡时蔬

[食材]

木耳 50 克，朝天椒 3 克，青椒 20 克。

[调料]

盐适量，醋 2 勺，鸡精 1 勺。

[做法]

1. 将木耳用凉水泡发，去掉根蒂，撕成小朵，用开水氽烫，捞出凉凉。
2. 朝天椒洗净，切成小段；把青椒洗净，切成圈。
3. 凉开水内加入鸡精、盐、醋搅拌均匀。
4. 将木耳、银耳、朝天椒、青椒泡在搅拌好的汁中，浸泡 3 小时即可。